Un Coin des Vosges
Fraize
et ses environs
Par J. Cordier.
Ad. Weick éditeur.
P.R.

Un Coin

des

Vosges

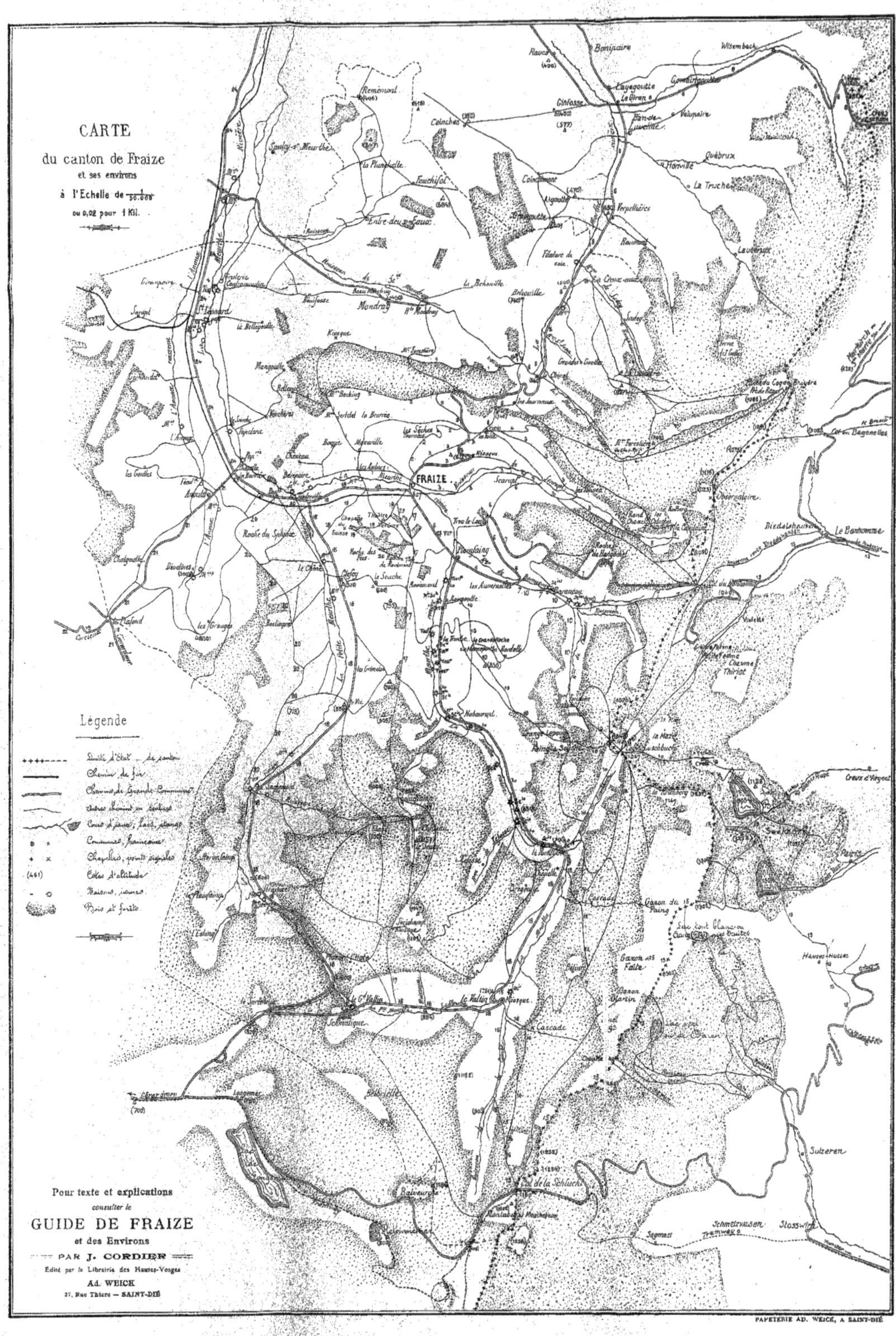
CARTE
du canton de Fraize
et ses environs
à l'Echelle de 1/50.000
ou 0,02 pour 1 Kil.
Légende
Pour texte et explications
consulter le
GUIDE DE FRAIZE
et des Environs
PAR J. CORDIER
Edité par la Librairie des Hautes-Vosges
Ad. WEICK
27, Rue Thiers — SAINT-DIÉ
PAPETERIE AD. WEICK, A SAINT-DIÉ
FRAIZE
Plainfaing
Le Bonhomme
Col de la Schlucht
Le Valtin
Sulzeren
Stosswihr
Wisembach
Bonipaire
Remémont
Ceinches
Entre-deux-Eaux
Mandray
Anould
Saint-Léonard
Clefcy
Scarupt
Gerardmer
Le Gd Valtin
Le Rudlin
Diedolshausen
Col du Bonhomme
Lac Noir
Lac Blanc
Gazon du Faing
Balveurche
Retournemer
Longemer

UN COIN DES VOSGES

FRAIZE ET ses Environs

PAR

J. CORDIER

Directeur d'Ecole à Plainfaing

Secrétaire du Comité des Promenades de Fraize

Avec une CARTE dressée

par

M. JACQUEREZ

Officier d'Académie, Agent Voyer en Retraite

LIBRAIRIE DES HAUTES-VOSGES

Ad. WEICK, Editeur, St-DIÉ

A NOS LECTEURS

E « *Guide du Touriste dans le Canton de Fraize* » a été accueilli avec bienveillance par les habitants du pays et par les nombreux touristes qui viennent, chaque année, visiter nos montagnes. Il leur a rendu de grands services en les conduisant avec sécurité à travers les moindres sentiers qui sillonnent la région, en leur signalant les curiosités naturelles, en leur faisant connaître les mystérieuses et naïves légendes que l'on raconte le soir dans les « poêles de loures ».

Mais le « *Guide* » est devenu insuffisant. Depuis une dizaine d'années, en effet, le Comité des Promenades du Canton de Fraize (C.P.C.F.) a créé de nouveaux sentiers, tracé d'autres itinéraires et facilité des points de vue qui, jusqu'alors, n'avaient été visités que par les marcheurs intrépides.

Le goût des voyages se développe de plus en plus, les moyens de transport ont fait de grands progrès, la bicyclette, l'automobile, le chemin de fer conduisent rapidement l'ouvrier, l'employé, le commerçant, l'industriel vers des pays qui, il y a peu de temps, n'étaient pour ainsi dire pas connus.

Très souvent, à la veille d'entreprendre une excursion, on ne sait où diriger ses pas. Les beautés classiques de la Suisse ne sont pas à la portée de toutes les bourses ; de plus, on va visiter au loin des horizons et des panoramas qui ne sont pas supérieurs aux nôtres ou qui ont été surfaits par une réclame intéressée.

« Les Vosges, dit Edmond About, ne sont qu'à quelques heures de Paris, vous pouvez venir dans nos montagnes pour le prix d'une stalle à l'Opéra... Si nous n'avons ni glaciers, ni grands lacs alimentés par la fonte perpétuelle des neiges, nous avons des forêts aussi belles, plus grandes et plus anciennes que la forêt de Fontainebleau. Quelques-unes sont aussi sauvages et, tranchons le mot, aussi vierges que celles d'Amérique. Nous avons des rochers énormes, d'une forme et d'une couleur admirables, blocs de grès rouge, de granit et de porphyre. Nous avons des vallées riantes et fraîches où les ruisseaux débordent sur des prés plus verts que l'émeraude.

« Sans doute, les Vosges ne présentent point les aspects grandioses et terribles, les sites superbes et désolés de l'Oberland bernois. Si nos montagnes, nos lacs, nos cascades font penser à la Suisse, c'est à une Suisse toute française qui n'a rien de démesuré ou d'écrasant et qui revêt, au contraire, les caractères propres à notre pays et à notre race : la proportion, l'harmonie, la finesse et la gaîté. »

A côté des longues courses sur les chaumes ou dans les forêts éloignées, le charmant pays de Fraize offre aux dames et aux marcheurs médiocres d'agréables promenades peu montantes qui, sans valoir les ravissantes perspectives des grandes excursions, présentent cependant de merveilleux panoramas.

Nous soumettons avec confiance cet ouvrage à l'appréciation bienveillante et impartiale de nos hôtes, et nous leur recommandons d'en faire un fréquent usage.

Les pages qui suivent sont dédiées non seulement aux personnes qui viennent chaque année se reposer pendant quelques jours à l'ombre de nos sapins géants, mais aussi à nos hospitalières populations. Mieux on connaît son pays, plus on l'aime et l'amour du sol natal entraîne celui de la Patrie.

J. CORDIER.

AVIS AUX TOURISTES

Renseignements divers

Les *excursions* dans le canton de Fraize peuvent commencer dès les premiers jours du mois de mai et se continuer jusqu'à la fin de septembre, qui est souvent le plus beau mois de l'année.

Cependant les promenades en hiver offrent aussi des distractions agréables, elles sont plus mouvementées, et laissent des souvenirs plus vivaces. Nos montagnes qui sont si jolies à visiter quand le sol est jonché de fleurs ne manquent pas de charmes lorsqu'elles sont recouvertes d'une épaisse couche de neige. Leur aspect est tout autre, elles paraissent plus majestueuses, plus grandioses.

Le *tourisme hivernal* fait de rapides progrès, les *promenades en traîneau* ne sont pas sans intérêt et l'*emploi du ski* se généralise énormément depuis quelques années.

Le *Comité des Promenades* se met à l'entière disposition des personnes qui ne connaissent pas le pays et qui désirent des renseignements avant de se mettre en route. — *(S'adresser au Secrétariat de la mairie de Fraize.)*

Les nombreux trains qui arrivent chaque jour à Fraize ou qui en sortent sont très avantageux pour les touristes.

Les *hôtels*, les *restaurants*, les *pensions*, les *chambres garnies à louer*, les *cafés* ne manquent pas à Fraize et aux environs. Les *auberges* dans les vallées sont suffisantes et même bonnes. Dans les *fermes* on trouve du pain, du lait, des œufs, du fromage et du vin.

Le schlittage du bois dans les Vosges.

Les *loueurs de voitures* ne manquent pas non plus dans la région, on peut en trouver dans tous les villages.

Les *cyclistes* pourront faire réparer, échanger ou louer des machines chez plusieurs mécaniciens. Les *chauffeurs d'automobiles* trouveraient les mêmes secours si une panne malheureuse venait interrompre leur excursion.

Conseils pour le départ. — Un léger vêtement de laine, des brodequins sans trop de clous, un feutre mou, un gilet de flanelle et une solide canne garnie d'une pointe de fer suffisent. Une bonne pèlerine roulée en sautoir vaut mieux que le parapluie, qui devient inutile dans la forêt ou par un grand vent; on l'endure aussi à l'arrivée ou sur les hauteurs, même par un bon temps.

Ne pas oublier d'emporter notre Guide avec soi

Les voyages à pied sont les plus intéressants, les touristes peuvent s'arrêter où ils veulent, à chaque tournant de route ou devant toutes les curiosités.

Pour les petites courses, il est inutile d'emporter des victuailles, mais, pour les grandes excursions, il est bon que MM. les voyageurs emportent leurs provisions, car on marche quelquefois longtemps sans trouver de maisons de secours.

On peut tout au moins prendre avec soi un peu de chocolat ou un morceau de sucre.

On fera bien d'emporter du café ou du vin dans une gourde, mais on doit s'abstenir d'alcool : on connaît trop ses funestes effets dans les longues marches. Cependant, on peut en verser quelques gouttes sur du sucre ou l'étendre fortement d'eau, afin d'en faire une boisson hygiénique.

Il ne faut pas presser la marche au début, surtout dans la montagne, on conservera ainsi ses forces pour la fin de l'étape.

« Qui veut voyager loin, ménage sa monture, » a dit Racine.

Il faut bien se garder de boire aux fontaines qu'on ne connaît pas; malgré la bonne réputation des eaux de la montagne, il en est quelques-unes qui ne sont pas potables, elles croupissent parfois longtemps dans les mares et deviennent alors insalubres.

Les touristes qui ne connaissent pas du tout le pays feront bien de *ne pas s'engager au loin dans les sentiers forestiers qui ne sont pas bien frayés,* car ils pourraient s'égarer.

A côté des longues courses à pied à travers les innombrables chemins qui gravissent les côtes, les *cyclistes et les amateurs d'automobile* pourront se tracer d'agréables itinéraires qui les conduiront plus rapidement au pied de nos sites enchanteurs.

Nous leur conseillons néanmoins la prudence; ils rencontreront parfois des *tournants brusques et difficiles,* ils auront à effectuer des virages hardis : cependant les endroits les plus dangereux sont indiqués par des écriteaux. Nous leur signalerons plus loin les promenades qui sont à leur portée.

Les promeneurs indisposés trouveront à Fraize : deux docteurs en médecine, deux pharmaciens, et un hôpital pour le cas où un accident arriverait.

Il existe également un pharmacien à Plainfaing.

Nous pensons qu'il n'est pas inutile de rappeler aux touristes qui vont sur le territoire annexé, qu'ils doivent se conformer à la législation du pays, que les cris séditieux, les bravades à l'autorité, les infractions à la loi sont sévèrement punis. De nombreux exemples d'arrestations viennent confirmer notre avis

Un dernier Conseil

Les tables, bancs, kiosques, refuges, écriteaux, etc., établis à grands frais par le C.P.C.F., et les sites eux-mêmes sont placés sous la protection des touristes.

Quelques jeunes étourdis se permettent parfois de saccager les parterres, les massifs et les jeunes plantations; parfois ils coupent des arbrisseaux vigoureux pour confectionner des cannes ou font des entailles dans les bois de haute futaie. Ces maladroits ne réfléchissent pas aux sérieux dommages qu'ils causent à la forêt

A d'autres endroits on trouve des écriteaux souillés de boue, couchés à terre ou couverts d'inscriptions immorales. On voit des bancs à moitié démolis ou arrachés.

Gare aux procès-verbaux !... Tous les agents de l'autorité sont prévenus.

A l'issue d'un repas champêtre il faut également éviter de laisser des restes sur les tables ou les bancs (journaux graisseux, boîtes de conserves, viandes, coquilles d'œufs, etc.). D'abord tous ces reliefs enlèvent au site une partie de son charme et de sa beauté. Ensuite ils peuvent tacher les vêtements des promeneurs qui occuperont de nouveau la place.

Enfin les flacons ou les verres cassés occasionnent souvent des blessures sérieuses.

Le repas terminé, il est facile d'envelopper tous les déchets dans un journal et de les porter dans un endroit écarté.

Protégeons les sites, ils appartiennent à tous.

LE TORRENT DE LA MONTAGNE

D'où prends-tu ton essor, torrent de la montagne,
Qui déroule son onde à travers la campagne ;
Viens-tu des hauts sommets ; de ces frimas glacés,
Par les feux du soleil, lentement distillés ?

Comme une pure larme au bord de la paupière,
As-tu jailli soudain du centre de la terre ?
Si le ciel est d'airain, viens-tu pour l'apaiser,
Comme viennent aux yeux les pleurs, pour soulager ?

D'où viens-tu, dis-le moi ?... Mais qu'importe ta source,
Et qu'importe le but de ta rapide course !
J'aime d'ouïr le chant si sonore et si doux
De tes flots de cristal brisés sur les cailloux !

N'offres-tu pas ainsi l'image du poète ?...
D'où vient-il à son tour ? Quel souffle de prophète
A son âme inspirée a dicté ses accents ?
D'où sort sa rêverie ? Où s'envolent ses chants ?

Quand tout nous apparaît ou sceptique ou vulgaire
Vient-il nous élever au-dessus de la terre ?
Qu'importe ! Il est heureux, le poète rêveur,
Si l'on aime écouter les hymnes de son cœur !

G. Flayeux.

LE CANTON DE FRAIZE

Le Canton de Fraize appartient à *l'arrondissement de St-Dié*. Il est assis au pied du massif qui a donné son nom à notre département, en face de la *Ligne bleue des Vosges, d'où le cœur fidèle de tous les patriotes, suivant le mot célèbre de Jules Ferry, continuera d'entendre la plainte touchante des vaincus*. Depuis la malheureuse guerre de 1870, sa limite à l'Est se confond avec la *frontière française*.

Notre canton compte *dix communes*, c'est un des plus peuplés de l'arrondissement. Sous le rapport du pittoresque, il n'a rien à envier aux autres. Il offre aux promeneurs des sites remarquables, des vallées originales, de merveilleux panoramas, de ravissantes perspectives.

A l'Est, la chaîne des Vosges le domine comme un solide rempart. De cette dorsale se détachent des contreforts qui s'entrecroisent et forment un dédale de vallons étroits et riants. Le principal chaînon est celui qui sépare les deux bras de la Meurthe entre les *vallées de Straiture* et de *Habeaurupt*. Les deux ruisseaux se rejoignent à deux kilomètres en aval de Fraize.

D'autres massifs montagneux, également importants, séparent la Meurthe des ruisseaux du *Luschbach*, de *Chaume*, de *Barançon*, de *Scarupt*, *de la Morte* et du *Ruisseau de Mandray*.

Le Sud du canton est fermé par des hauteurs qui le séparent de *Gérardmer*, et à l'Ouest par une suite de monts derrière lesquels se trouvent les villages qui avoisinent *Corcieux*; le Nord du canton est ouvert à la belle vallée de la Meurthe.

L'eau court à profusion dans tout le pays. Presque chaque ferme possède sa *fontaine* : des *sources* aux eaux claires sont disséminées en grand nombre et fertilisent le sol. Des *ruisselets* aux eaux cristallines émergent du sommet des montagnes et courent en murmurant vers les vallées donnant ainsi naissance à *la Meurthe*, la principale rivière de la région que le génie humain a utilisé pour ses industries.

Fraize est situé dans un cirque montagneux qui renferme une grande diversité de sites enchanteurs et de curiosités naturelles.

« Chacun de ses vallons offre au touriste de nouvelles surprises ; à chaque pas le décor change et se transforme : tantôt majestueux et sévère, avec ses vieux sapins tout couverts de mousse, abritant des roches granitiques, aux formes bizarres, fantastiques, sur lesquelles le torrent vient briser ses flots blancs d'écume ; tantôt souriant et gai, avec ses petites rivières dont les eaux sont vives et transparentes. Sur leurs bords se penchent gracieusement de belles fougères au feuillage capricieusement déchiqueté. »

« Dès le mois de juin, le pays est plein de charme, et jusqu'aux pluies d'octobre, il est ravissant. On le quitte généralement trop tôt, car l'arrière-saison y est peut-être la plus agréable, la plus délicieuse. »

La région inférieure à 500 mètres d'altitude étale au sein des montagnes de larges vallées en plaine, joyeusement illuminées par les premiers et les derniers rayons du soleil. La zone supérieure est occupée par des hauteurs qui dépassent 1.000 mètres d'altitude ; elle est revêtue de bois de haute futaie et de pâturages dans lesquels paissent de nombreux troupeaux.

Chutes d'eau, torrents, escarpements, ravins, forêts, forment un ensemble pittoresque, d'effet grandiose.

Le *Canton de Fraize* jouit d'un climat tempéré, surtout dans sa région inférieure, il est protégé contre la violence des vents par les hautes montagnes qui l'entourent.

Quelquefois, cependant, il y a des élévations ou des abaissements assez brusques de température, mais cette particularité est commune à tout climat vosgien,

Le canton de Fraize jouit donc d'un climat sain, où les épidémies sont pour ainsi dire inconnues. L'air vif des vallées, l'air reconstituant des hautes régions, le calme et la tranquillité qu'on y goûte sont d'un puissant secours pour rendre la santé aux malades anémiés des villes.

Plusieurs voies carrossables bien entretenues sillonnent les vallées, s'élèvent jusqu'aux derniers hameaux de la montagne. Des chemins, des sentiers créés par l'administration forestière, le Club Alpin français ou le Comité des promenades de Fraize (C. P. C. F.) conduisent sans fatigue aux principaux points de vue.

Le *sol* du canton est formé comme la majeure partie de la chaîne des Vosges de *roches éruptives* : il appartient aux *terrains primitifs* ou de *formation ignée*. Le *géologue* peut emporter de ses promenades de magnifiques collections de pierres ; il y trouvera plusieurs variétés de *granit*, de *porphyre*, de *quartz*, de *marbre noir ou blanc* et de *grès*. On extrait la *pierre à chaux* dans les *carrières de Mandray*. Le *sous-sol* renferme des minéraux qui ont été exploités autrefois : les *mines d'argent, de plomb et de cuivre* de la *Croix-aux-Mines* et du *Chipal* ont été célèbres au moyen-âge et dans les temps modernes ; des gisements de *houille* ont été remarqués au *Bonhomme*, enfin le sol des *Hautes-Chaumes* renferme de nombreuses *tourbières*.

Scierie vosgienne.

La *flore* y est extrêmement variée ; sur toutes les hauteurs le botaniste trouvera à profusion l'*anémone des Alpes*, la *pensée des Vosges, bleue, jaune* ou *violette*, l'*arnica des montagnes* ou *tabac sauvage*, la *grande gentiane*, l'*aconit*, le *narcisse jaune*, le *sorbier des oiseleurs*, la *valériane* et le *joli-bois* à fleur rose.

Dans les forêts, on cueille l'*oseille des bûcherons* ou *pain-coucou* ; le *cresson* pousse en abondance au bord des sources et des ruisseaux ; les *fougères* et les *bruyères* sont particulièrement jolies, les *lichens* sont bizarres et variés, les *mousses* sont superbes.

On trouve en grande quantité les *fraises*, les *brimbelles*, les *framboises* et les *mûres*. Il existe également une grande variété de *champignons* comestibles ou vénéneux.

Les principales *essences* qui occupent la majeure partie de la forêt sont le *sapin noir*, le *pin sylvestre* et l'*épicéa* ; le *chêne*, le *hêtre* et le *châtaignier* y figurent en petite quantité.

Le canton est riche en *prairies naturelles* ; sur les coteaux on cultive le *seigle*, l'*orge*, l'*avoine* et surtout les *pommes de terre* ; enfin les *arbres fruitiers* sont nombreux autour des fermes.

L'*industrie cotonnière* est en honneur dans le canton de Fraize, elle y occupe de nombreux ouvriers. Depuis une cinquantaine d'années elle a pris une extension considérable dans la haute vallée de la Meurthe ; de nombreuses *filatures et tissages de coton* s'échelonnent sur ses rives. « Au lieu de se presser autour des usines, la population s'éparpille dans les environs. Elle habite des hameaux qui s'échelonnent sur les pentes de la vallée, des maisons avenantes qui marquent les flancs de la montagne de leurs taches blanches et rouges. Epanouies en quelque sorte dans la verdure, ces ruches ouvrières conservent un aspect aimable et souriant.

« Le soir, les machines sont muettes, les cheminées ne déroulent plus leurs volutes de fumées noirâtres ; silencieuses et désertes, les usines sont mortes jusqu'au lendemain. »

Le *Souche d'Anould* possède une *papeterie* importante, et la *Croix-aux-Mines* a une *filature de soie*. Les antiques *métiers à bras* ont presque totalement disparu.

Les moindres ruisselets ont été canalisés, leur eau actionne de nombreuses *scieries* qui font entendre au loin leur cri strident ; on voit encore par-ci par-là quelques antiques *moulins* au gai tic-tac.

Dans le val de Fraize, on a établi en maints endroits des ateliers où l'on *taille et on polit le granit* extrait de nos montagnes. Cette magnifique pierre se transforme en monuments funéraires, auges de fontaines, marches d'escaliers, bordures de trottoirs, jambages, etc. Les chutes servent à la construction des murs, aux clôtures de jardins, au pavage des rues.

Les *bois de nos forêts* sont utilisés principalement pour l'industrie, la charpente, la menuiserie et le chauffage ; on fait également des *sabots* et divers *articles de boissellerie.*

La plupart des fermiers sont marquaires, ils fabriquent les *fromages des Hautes-Chaumes* qui sont expédiés au loin.

Le *commerce,* grâce à cette affluence de travailleurs, est assez étendu dans la vallée de Fraize, l'argent circule facilement, bon nombre de familles sont à l'aise aujourd'hui.

Dans les bonnes années, *on distille les cerises, les mirabelles, les prunes, les quetschs* qui donnent des eaux-de-vie renommées.

Les habitants des fermes distillent aussi la *gentiane,* le *sureau,* la *brimbelle,* le *bourgeon de sapin* même. Ce sont pour eux des médicaments : les luxations, les douleurs d'estomac, les affections des yeux sont radicalement guéries par quelques gouttes de ces liqueurs.

La région que nous allons décrire est donc privilégiée sous tous les rapports.

On trouve à Fraize la solitude sans l'isolement, au milieu d'une population bienveillante et hospitalière.

« Dans les vastes forêts règne un profond silence, les hauteurs sont parsemées de rochers étranges, entourés par la tradition d'une auréole poétique. Nous y trouvons des lacs aux eaux transparentes ; et, depuis les sommets, la vue s'étend, par dessus les coteaux florissants et la plaine verdoyante, jusqu'aux Alpes étincelantes de neige.

Quiconque peut quitter l'atmosphère pesante et enfumée de la ville, lorsque toute la nature est en fleurs, doit s'empresser de venir ici se reposer et se réconforter.

Dans cette nature, il jouira d'une vie contemplative qui restaurera ses forces et lui donnera un nouveau courage pour reprendre sa tâche. Quiconque désire stimuler son esprit, fortifier ses poumons et ses membres, réchauffer son cœur, trouvera ces biens précieux en abondance dans notre pays. »

MESDAMES ET MESSIEURS LES TOURISTES, SOYEZ LES BIENVENUS !

FRAIZE

Fraize, chef-lieu de canton, est un bourg de près de 4.500 habitants, situé à 507 mètres d'altitude, gracieusement assis dans une fraîche et riante vallée au fond de laquelle coule la Meurthe. *Station terminus* de l'embranchement partant à Saint-Léonard de la ligne Saint-Dié-Epinal-Nancy. A 16 km de Saint-Dié, 60 d'Épinal, 100 de Nancy et 450 de Paris.

Chaque jour la petite ville de Fraize s'embellit, elle se fait coquette pour recevoir les touristes. Depuis quelques années, elle a subi de grandes transformations ; la municipalité ne néglige rien pour lui donner la bonne tenue et le bel aspect qu'elle offre aux visiteurs.

Les rues s'alignent et se bordent de trottoirs, de larges égouts assainissent toute la ville, l'eau coule à profusion dans les fontaines communales et chez les habitants ; l'électricité règne partout, dans les rues comme dans les habitations. Une nouvelle avenue vient d'être tracée : elle relie la place de l'Église à la rue de Saint-Dié, en aval de Fraize ; à cet effet, deux magnifiques ponts, véritables travaux d'art, viennent d'être jetés sur la Meurthe et sur un de ses bras. D'ici peu de temps, Fraize comptera un nouveau quartier.

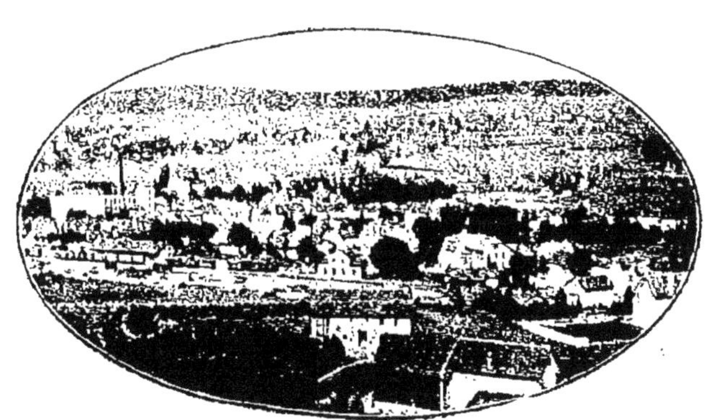

Vue générale de Fraize.

Les habitations particulières sont assez coquettes, quelques-unes présentent une certaine architecture, surtout celles du quartier de la gare. Toutes en général revêtent un cachet sinon d'élégance, du moins de confort.

Les monuments publics sont d'un style simple mais de bon goût. La *gare*, devenue trop exiguë pour le trafic de la région sera sous peu agrandie. Le bâtiment qui abrite la *poste*, le *télégraphe*, le *téléphone* est bien aménagé (1). La caserne de gendarmerie vient d'être reconstruite et agrandie, c'est une construction magnifique.

---

(1) Les correspondances postales sont distribuées trois fois par jour, en ville. Plusieurs hôteliers ou commerçants possèdent le téléphone à la maison.

L'*Hôtel de Ville*, édifice moderne construit en grès rouge, date de 1857, il a été bâti sur l'emplacement d'un antique moulin.

« Un *hôpital* grandiose, modern-style, avec tout le confort et l'aménagement des grands hospices (chauffage central, Rayons X), s'élève aujourd'hui près des Adelins. »

Un *abattoir* bien aménagé vient d'être construit.

L'*église* est déjà fort ancienne, elle a été incendiée en 1782, reconstruite et embellie.

L'*école maternelle* et les *classes primaires* occupent des bâtiments déjà anciens ; le *cours complémentaire des garçons* et *celui des filles* sont installés dans de vastes locaux, entièrement neufs. De nombreux écoliers et écolières s'y rendent chaque jour et vont y faire l'apprentissage de la vie.

Route de Saint-Dié à Fraize

Enfin, signalons deux hôtels confortables, des cafés, des restaurants bien tenus, et de nombreuses chambres garnies à louer.

Fraize ne manque pas de gaîté. Souvent l'*Harmonie Sainte-Cécile* fait entendre, sur les places publiques, les plus beaux morceaux de son répertoire.

La grande salle de l'Hôtel de Ville a été aménagée pour une *salle de spectacle* : des artistes de passage viennent de temps en temps donner des représentations.

Un *stand de tir*, avec cibles électriques Chevallier, a été établi aux Adelins.

Outre le centre, qui forme l'agglomération la plus importante, Fraize comprend de nombreux *hameaux et écarts*. La vie rustique s'y allie intimement à l'activité commerciale et industrielle.

A quelques minutes de Fraize, le Comité des Promenades a établi des *tables* et des *bancs* confortables.

Le *kiosque de la Folie Bresson*, derrière la gare, et le *kiosque de Scarupt* avec ses jardinets d'agrément sont du meilleur goût ; ils invitent les marcheurs médiocres ou fatigués à s'y reposer après leurs longues promenades ; les touristes y reprennent de nouvelles forces physiques pour les courses du lendemain, ils y goûtent le repos et le calme de l'esprit.

L'étranger trouvera donc à Fraize toutes les commodités du séjour, il pourra errer au gré de sa fantaisie à travers les vallées et les montagnes, dans ce coin des Vosges si curieux et si pittoresque.

Le Théâtre Populaire

Au pays de Fraize, le dévoué Comité des Promenades, auquel nous devons déjà d'heureuses innovations, a tenté un essai de décentralisation régionaliste en édifiant, dans un coin charmant du massif boisé qui se trouve derrière la gare, un coquet *Théâtre de Verdure*, qui a été inauguré le dimanche 25 juillet 1912.

Le journal l'*Estafette* (de Saint-Dié), rendant compte de cette cérémonie, a publié sous la signature de son rédacteur en chef, M. Courtin-Schmidt, un charmant article dont voici les passages essentiels :

...C'est le plein air qui, aujourd'hui, nous sollicite, le plein air, — on pourrait dire, avec les alérions, « le plein ciel »....

Dissertant sur les « théâtres de Verdure » et les « théâtres de la Nature », le bon poète Jules Bois écrivait il y a quelques jours : « Il est fini le temps des appartements obscurs et clos, de la vie sans fenêtres. Nous avons compris que la boisson pure et vivifiante, le vin de l'âme, c'est l'Oxygène. L'homme a fait le 89 de ses poumons, il a libéré la respiration de son corps tout entier, son geste, son regard. Autrefois, le Français surtout redoutait l'eau froide, les courants d'air, les rhumes. On s'intoxiquait d'acide carbonique ; on se ratatinait vite, oublieux de livrer ses organes au contact des éléments qui régénèrent. Michelet était très étonné et joyeux qu'on eût « découvert » la montagne et la mer. Nous avons retrouvé le bienfait de l'air qui est le don suprême par lequel nous communiquons physiquement et psychiquement avec la Source de toute Vie, — le souffle divin, — que les Hindous adorent et qui, d'après les Pouranas, prononce sans cesse, même dans le silence, le nom de l'Eternel... Seul le théâtre s'entêta longtemps à ressembler à une prison malsaine, où l'on ne respire que l'haleine fatiguée des voisins. »

Mais, depuis plusieurs années, tout est changé !... et dès 1886, les *félibres* firent revivre, en pleine Provence hellénique, le Théâtre antique d'Orange...

L'exemple devint contagieux ! Dans les moindres sites, on ressuscita Melpomène, Thalie et Polymnie... Du sud au nord et de l'ouest à l'est, il n'est pas d'arènes, de ruines ou même simplement de pelouses, qui ne se soient tout à coup transfigurées en scènes de la Nature ou en théâtres de Verdure... Malheureusement, beaucoup de ces représentations mal comprises servent surtout à la prospérité de guinguettes nouvelles et à l'involontaire parodie de pièces méritant un meilleur sort et déchues par la triviale ambiance d'exhibitions quasi-foraines.

Il n'en a pas été ainsi dans les Vosges, et notre bon ami Maurice Pottecher sut donner à ce mouvement artistique, — mal compris, en certains coins de France, par des impresarios que tourmentait l'amour insolite du « plein air », — un caractère vraiment éducatif, et inculquer aux foules l'amour frénétique du Beau...

A Bussang, dans un cadre ravissant, s'est élevé le « Théâtre du Peuple » et depuis vingt ans, avec une activité inlassable, Maurice Pottecher, impresario habile et auteur applaudi, communique aux masses la flamme poétique qui l'anime et fait vibrer l'âme vosgienne en mettant à sa portée des pièces d'un charme pénétrant et tout imprégnées d'une forte saveur de terroir...

Gérardmer suivit le mouvement...

Aujourd'hui, grâce à l'heureuse initiative de M. Paul André, agent-voyer, c'est Fraize qui, cherchant à mettre en valeur son site agréable, vient de créer un *Théâtre Populaire* qui ne le cède en rien, pour le cadre et la beauté, à ses aînés bussenet et géromois...

A dix minutes de la gare, au milieu d'un coteau boisé, — à l'orée duquel le regard embrasse toute la vallée de la Grande-Meurthe, s'élève, dans un décor ombragé, au milieu des bouleaux argentés, des hêtres feuillus et des sapins verdoyants, une scène coquette que l'on inaugura dimanche dernier...

Les travaux commencés en 1911 ne purent se terminer à temps, et, à son grand regret, le Comité des Promenades, qui a pris l'initiative de cette heureuse entreprise, dut reculer la fête projetée...

L'hiver s'écoula... Le printemps revint et, profitant des matins clairs et des après-midi ensoleillés, le Comité, sans se soucier des récriminations que faisaient entendre certains esprits pointus et chagrins, mit définitivement sur pied l'œuvre commencée...

Il peut en être fier aujourd'hui, et qu'on nous permette d'adresser nos cordiales félicitations à MM. Bagard, président ; Pognon, vice-président ; André, secrétaire ; Lartillot, trésorier ; Jeandemange, Cisterne, Emile George, Octave Aubert, Cordier, Jacquerez et Georges Voinquel, membres du Comité des Promenades...

Le programme de la fête inaugurale comprenait une comédie de mœurs lorraines : les *Fiançailles de la Sidonie Colas*, de MM. J. Pérette et F. Delor, et le *Baiser*, la délicieuse fantaisie de Théodore de Banville...

Théâtre populaire de Fraize.

Ce fut un gros succès, et M. Courtin-Schmidt, déjà cité, concluait en ces termes :

Aucun incident fâcheux n'est venu jeter sa note discordante, durant ces trois heures de spectacle qui passèrent vraiment trop vite...

L'élan est maintenant donné !... Que nos amis de Fraize entretiennent le feu sacré et laissent surtout à l'œuvre qu'ils viennent d'entreprendre son caractère éducatif et local...

Le choix qui a présidé à l'emplacement du coquet théâtre inauguré dimanche dernier, est diligent et sûr...

En ce coin de verdure, si frais, si attrayant, si reposant, la Lumière qui tombe du ciel illumine l'âme et caresse les yeux... Puisse ce temple de la Muse Populaire conserver sa divine et champêtre poésie et attirer longtemps la foule, dont l'âme vibrera aux accords de la flûte du dieu Pan, — blotti sous les hêtraies, — aux accents de la belle Philyra et de la coquette Clytie, nymphes et prêtresses de nos forêts vosgiennes...

La belle Philyra et la coquette Clytie se sont montrées reconnaissantes des compliments qu'on leur adressait, et elles ont favorisé la seconde représentation du Théâtre Populaire, qui eut lieu le 22 septembre 1912.

Le ciel, enfin clément (car l'été de 1912 fut éminemment pluvieux), avait offert son velum d'azur et sur ce nouveau théâtre populaire, qui se cache pittoresquement au flanc de la montagne, derrière un rideau de sapins et de bouleaux, eut lieu la « première » d'une pièce essentiellement locale, — *Nonon Georges, duc de Lorraine,* — due à la plume alerte de M. Courtin-Schmidt.

Notre rôle n'est pas, ici, de faire de la critique théâtrale, mais on nous permettra de rendre hommage à l'auteur et de dire que sa pièce, qui se rattache à la pure tradition molièresque, est écrite dans une langue pétillante d'esprit, originale avec un mélange de saillies piquantes les plus modernes, et de style archaïque du pur dix-septième siècle...

Nous sommes heureux de publier le cliché d'une des plus jolies scènes des *Fiançailles de la Sidonie Colas.*

HISTOIRE DE FRAIZE

« *Fraize* donnait autrefois son nom à un ban considérable dont *la Costelle* était le chef-lieu et duquel dépendait *Belrepaire*, *les Aulnes*, *Clairegoutte*, *Mazeville*, *Scarupt*, *Plainfaing*, *Noire-goutte*, *Habeaurupt* et partie du *Ban-Saint-Dié*. Il se tenait des foires et marchés à la Costelle. »

(Comme on le voit, *Plainfaing* avec ses hameaux faisait partie de la commune de Fraize, et ce n'est qu'en 1783, qu'ayant été érigée en paroisse, il forma une communauté distincte).

Lors du partage de l'empire de Charlemagne, au traité de Verdun, le ban de Fraize fit partie de la *Lotharingie* et finalement du *duché de Lorraine)*.

« En 1221, le *duc Mathieu* donna à *Simon de Paroy* ce qu'il avait du ban de *Fraice*, et ce dernier s'accompagna avec *Ancel de Ribaupierre* pour ce qu'ils avaient dans ce ban. Les *seigneurs de Ribaupierre* possédaient anciennement la seigneurie du ban de Fraize et en faisaient hommage aux ducs de Lorraine. *Henri de Ribaupierre, seigneur de Hohennée*, pour reconnaître les grands bienfaits qu'il avait reçus du *duc Raoul*, lui céda, en 1343, tout ce qu'il avait au ban de Fraize, pour en jouir après son décès. »

« Les habitants de Fraize devaient les langes à la chambre de Mme la duchesse au château de *Spitzemberg*. Ils étaient soumis aussi, envers les *sires de Rapolstein*, à une redevance annuelle d'une chârée de vin ; ce droit, qui existait encore en 1324, fut vendu à *Albert de Paroy*. La culture de la vigne cessa d'avoir lieu dans ces contrées depuis l'époque de *l'invasion des Suédois* ». *Henri Lepage, Département des Vosges.*

(On appelle encore aujourd'hui *Champs de la vigne* une partie du finage de Fraize situé au bas du hameau des *Sèches-Tournées*. Les coteaux qui ont été plantés en vignes, ont souvent reçu le nom de *Behouille « hotte »)*.

« Ont été successivement seigneurs de Fraize ou comparsonniers à la fin du XVIe siècle : *Georges Bayer de Boppart, sieur de Châteaubrehain ;* en 1677, *le sire de Créange ;* en 1722, *le sieur de Cogney*. Le *Chapitre de Saint-Dié* possédait diverses pièces de terre au ban de Fraize » *Léon Louis.*

A la *Révolution de 1789*, *Messire de Clinchamp d'Aubigny* était le seigneur de la communauté.

Nos pacifiques populations ne furent pas engagées directement dans la *mêlée révolutionnaire*. Néanmoins elles suivirent avec intérêt les événements qui se déroulaient à Paris et bouleversaient la France entière. On ne trouve pas de traces de *cahiers de doléances*, il n'y en eut probablement pas.

Quand *l'Assemblée législative* proclama la « Patrie en danger », plusieurs volontaires de la commune coururent à la frontière pour défendre le sol envahi. Une *garde nationale* fut organisée, mais ne prit part à aucune action militaire.

L'épopée impériale a également laissé peu de souvenirs à Fraize. Cependant *« l'invasion de 1814* a laissé chez nous des traces plus durables. Qui n'a pas entendu les anciens raconter le passage des troupes ennemies par le *col du Bonhomme*, *l'arrivée des alliés* qui rationnent le pays jusque Saint-Dié dans les premiers jours de janvier 1814. Dès le 6 janvier 1814, une partie du Ve corps bavarois, général de Vrède, occupe, sans la moindre résistance, le col du Bonhomme. C'est la division Rechberg qui s'y établit et y séjourne plusieurs jours avant de se porter en avant sur Saint-Dié. » G. Flayeux.

Pendant tout le XIXe siècle, le pays se tient à l'écart des grands événements qui surgissent en France, il reste éloigné des luttes politiques violentes et s'occupe presque entièrement de sa transformation économique.

En *1870*, Fraize n'a pas connu toutes les horreurs de la grande invasion. Il y eut quelques réquisitions ennemies, une légère *escarmouche* à la *Barrière d'Anould*, mais, depuis l'Année terrible, le canton de Fraize sert de limite entre la France et l'Allemagne.

Sports d'hiver dans les Vosges

« L'hiver ajoute aux Vosges de nouvelles beautés. Par dessus les brouillards qui déferlent sur les profondeurs des vallées se découvrent soudain des perspectives lointaines et de limpides horizons. Depuis une dizaine d'années, *le sport d'hiver* n'a fait que se développer dans les Vosges. Toute une région montagneuse que la neige rendait à peu près inaccessible jusque-là, ouvre ses vastes espaces baignés d'air pur et exempts de poussière, étincelant de soleil et de lumière à l'habitant des villes qui ne connaissait de l'hiver que les gelées, les brouillards et le froid.

Une forêt vosgienne en hiver.

La conformation particulière aux Hautes-Vosges dont la ligne de crête se maintient sensiblement à la même altitude, permet, au skieur de glisser pendant des heures, des journées même, sur les versants, sans différence appréciable d'altitude. Ajoutons-y un ciel clair, la vue sur les Hautes-Alpes, depuis le Mont-Blanc jusqu'au Säntis. Ce dernier avantage suffirait à attirer dans ce coin délicieux l'attention de tous ceux qui voient dans la pratique du ski non seulement un sport, mais encore une occasion de prendre contact avec les beautés hivernales. La traversée des Vosges offre au skieur une succession de tableaux dont rien n'égale la beauté. Quiconque les a contemplés une fois ne les oublie plus.

Les *Sociétés de Sports d'hiver* s'emploient avec sollicitude à faciliter la *pratique du ski*, surtout en repérant soigneusement les contrées à parcourir. La neige atteint souvent une hauteur de deux mètres et plus et offre jusqu'en mai, sur les crêtes principales, de bonnes et vastes pistes de ski. Sur ces hauteurs presque alpestres, les paysages sont splendides quand le clair soleil d'hiver fait étinceler la neige et le givre, qui nivellent les croupes gazonnées, revêtent comme d'un manteau de cristal les arbres et les objets et leur donnent les aspects les plus fantastiques.

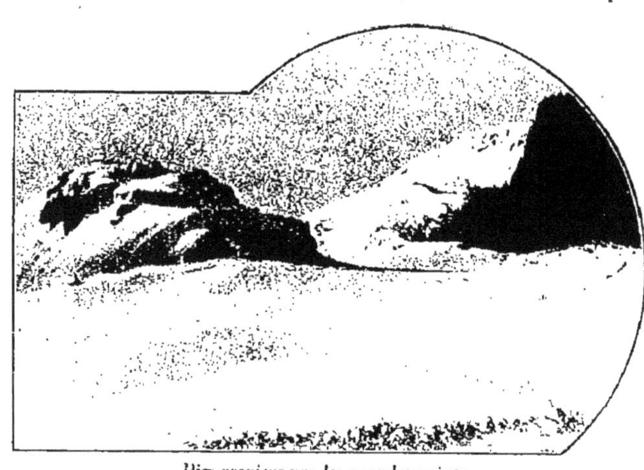

Pics vosgiens par les grandes neiges.

Le sport de la luge s'est, lui aussi, considérablement développé, grâce à l'heureux aménagement des pistes. A cet effet, plusieurs hôtels restent ouverts pendant l'hiver. »

Extrait de « L'Alsace-Lorraine et les Vosges » publié par l'Association des syndicats d'initiative d'Alsace-Lorraine à Strasbourg.

PROMENADE N° 1

Chapelle de Monthegoutte — Kiosque de Mandray — La Behouille — Les Journaux

Demi-journée (aller et retour)

Cette promenade qui est très agréable peut se faire en quelques heures ; elle a le grand avantage d'être peu fatigante et convient particulièrement aux personnes qui, redoutant les montées rapides, veulent cependant jouir de beaux points de vue.

Après avoir traversé le village de Fraize, le touriste se dirigera vers l'église, qu'il ne manquera pas de visiter en passant.

Sur l'emplacement de cet édifice s'élevait autrefois une ancienne chapelle dédiée à saint Blaise et à Notre-Dame. Elle fut incendiée en 1782, reconstruite et agrandie. Les modifications qui y ont été apportées depuis cette époque l'ont considérablement embellie.

Signalons en particulier la balustrade extérieure qui borde la toiture, les vitraux et la frise intérieure.

Près de l'autel de droite, on voit un tableau qui date de 1556 et qui représente un homme et une femme à genoux aux pieds de la vierge. La femme tient dans ses bras un enfant mort. Au bas de cet ex-voto on lit cette inscription en vieux français :

« Jean-Nicolas, dict de Sarrux, cordonnier demeurant à Sainct-Diey, ayant fait porter devant l'image de Notre-Dame de Sainct-Diey, un fils mort-né, dont Elisabeth Cuiturde, sa femme, était accouchée, obtint la vie et le bastême à son enfant en présence de 7 personnes. — du 26 juin 1656 ».

On prie saint Blaise pour les troupeaux, et particulièrement pour les bêtes malades de l'étranguillon. Le jour de sa fête (3 février), on fait bénir du sel qui, répandu sur le foin destiné à la nourriture des animaux, assure leur conservation.

A côté de l'église se trouvent les *Ecoles communales* et *les Cours complémentaires,* installés dans de magnifiques bâtiments.

Le touriste qui passe dans ce quartier pendant les récréations ou à l'heure de la sortie des classes se rappelle le temps joyeux de son enfance où il apprenait le b-a ba. La ruche bourdonne et déborde de gaieté, elle se livre à ses joyeux ébats.

On remarque ensuite l'*importante filature des Aulnes,* qui renferme près de 60.000 broches. Le *tissage* qui est à côté compte plus de 500 métiers ; les machines à vapeur ont une force de 2.000 chevaux.

« Les *Aulnes*, naguère encore petit hameau agricole, tranquille au milieu des prairies, à l'ombre des sapinières, est devenu, depuis l'établissement de ces grandes manufactures, un faubourg de Fraize et même des plus populeux. Les *cités ouvrières* ont poussé dans le sillage de l'usine et lui font face, alignées au port d'arme comme une compagnie devant le capitaine. Les constructions bourgeoises, les tavernes, etc., les ont suivies bientôt, transformant la physionomie des Aulnes en bourg commercial et industriel.

L'usine des Aulnes, comme la filature de Fraize, complète sa moderne installation par l'éclairage électrique ». G. Flayeux.

Le pays que nous traversons eut autrefois ses légendes. Le petit village des Aulnes fut saccagé par les *Honèbes* — c'est le nom que l'on donnait aux *Suédois* qui vinrent mettre la désolation dans la contrée pendant la Guerre de 30 ans. « On dit dans la montagne que les Honèbes ont laissé derrière eux trois choses : la pomme de terre, la lèpre et la sorcellerie ». (*E. Mathis*). A cette époque les *sorciers* hantaient la région, beaucoup de personnes furent victimes du diable, le *Menegou* qui tenait ses principaux sabbats à la *Piachatte* d'Entre-deux-Eaux et à *Balveurche,* au-dessus du Valtin.

A 200 mèt. au delà de la filature, le promeneur, arrivant à une bifurcation de chemins, prendra celui qui se trouve à sa droite et qui lui est désigné par une plaque indicatrice, (restaurant Marchal). Il suivra cette nouvelle route sur un parcours de 300 mèt. environ jusqu'au moment où il trouvera une croix en pierre. Il prendra à gauche un chemin qu'il ne quittera plus avant *Monthegoutte,* 1,500 mèt.

A 100 mèt. au delà de *l'auberge Sertelet*, le touriste pourra prendre quelques instants de repos sur les bancs établis à l'entrée de la forêt, et, jetant un regard sur le chemin qu'il vient de parcourir, il jouira d'un coup d'œil magnifique. A ses pieds il découvrira les bourgs de *Fraize*, et de *Plainfaing* avec leurs usines échelonnées le long de la Meurthe. Sur un plan plus élevé, il apercevra *Scarupt*, *la Roche*, la *gorge de Straiture* et la *roche du Sphinx*. Son horizon sera borné dans le lointain par les *Chaumes du Rossberg*, dont on distingue l'observatoire à l'œil nu, les *hauteurs du Lac Blanc*, du *Tanet* et de *Sérichamp*.

Le soleil d'été embellit ce tableau en laissant voir au touriste cette gamme de teintes variant du vert tendre de la prairie au vert sombre des sapins, et interrompue çà et là par les toits rouges des fermes éparpillées sur le flanc des coteaux. Le peintre et le poète pourraient donner libre cours à leurs inspirations devant la majesté de nos montagnes. On se sent heureux de vivre dans cette atmosphère où l'on respire à pleins poumons un air vivifiant et pur. C'est avec regret que le visiteur détourne les yeux de ce panorama aussi charmant pour continuer sa promenade (1).

Encore 100 mèt. et on arrivera à *Monthegoutte*. Là on trouve une auberge rustique (*Béking*) où l'on pourra se rafraîchir. Des tables et des bancs sont établis à l'entrée du sentier qui conduit en cinq minutes à une petite chapelle à l'intérieur de laquelle se trouvent des ex-voto rappelant les guérisons nombreuses opérées par la Vierge.

Chapelle de Monthegoutte.

Devant cette chapelle coule une fontaine aux eaux réputées miraculeuses pour les maladies des yeux. Une fête célébrée chaque année le jour de l'Ascension réunit en cet endroit un grand nombre de pèlerins qui viennent de toutes parts chercher la guérison.

G. Flayeux, un chroniqueur local raconte dans ses Légendes et Souvenirs des Hautes-Vosges, l'origine de cette tradition. Il y a très longtemps un *« bocquillon »* (2) du pays abattait des arbres à cet endroit. En sciant une *« tronce »*, il trouva une petite statuette de vierge emprisonnée dans le sapin qu'il débitait. Le bûcheron rapporta chez lui sa trouvaille et la mit dans son *« poêle »* (3) à la place d'honneur. Or le lendemain, le paysan fut stupéfait de ne plus retrouver la statuette ; de plus, sa femme et ses deux filles étaient subitement devenues aveugles pendant la nuit. Le bûcheron affolé retourne à la forêt à l'endroit où il avait travaillé la veille, il aperçoit l'image de la Vierge au pied d'un sapin ; une source aux eaux vives, jusqu'alors ignorée coulait à quelques pas de là. De plus en plus intrigué, il vint raconter le fait à sa famille. Il amena sa femme et ses filles à cet endroit, elles implorèrent la madone, se lavèrent les yeux dans l'eau cristalline de la source et recouvrèrent aussitôt la vue. Une chapelle fut érigée depuis à cet endroit pour rappeler l'origine de la légende.

Monthegoutte est aussi un lieu de pèlerinage pour les vieilles filles qui veulent être mariées. Il suffit de venir trois ans de suite, le jour de l'Ascension, prier la vierge avec ferveur, pour trouver dans l'année le mari attendu avec tant d'impatience.

Le touriste ne peut trouver d'endroit plus charmant pour prendre un repas champêtre à l'ombre des sapins gigantesques. Le chant de quelques oiseaux et le murmure de la source viennent seuls troubler la solitude de ce lieu où l'on est porté à la méditation (4).

En continuant le sentier qui se trouve toujours en forêt et qui est indiqué par des écriteaux, on arrivera au *Kiosque de Mandray*. Là, nouvelle

---

(1) Le sentier à gauche conduit à *Bellevue*, *Venchères*, *Anould*, *Saint-Léonard*. (Voir promenade n° 25).

(2) Bûcheron.

(3) Chambre.

(4) Ne pas quitter Monthegoutte, sans voir le *Sapin qui pisse*, à 20 mèt. en avant de la chapelle.

surprise pour le touriste. Ce sont les plaines de *Mardichamp*, de *Sauley* et de *St-Léonard* qu'il a maintenant sous les yeux.

Une succession de collines, s'élevant en gradins, donnent à cette région l'aspect d'un vaste amphithéâtre s'étendant sur toute la vallée de la Fave et une partie de celle de la Meurthe. On aperçoit au loin quelques hameaux, on distingue à vue d'œil le clocher de Saales et on domine toute la ville de Saint-Dié. Avec une longue-vue, on pourra même lire l'heure à l'horloge de la cathédrale.

Ce cirque est fermé par de hautes montagnes : Le Climont, le Voyemont, l'Ormont, le Spitzemberg, la Bure, la côte St-Martin, le Kemberg, le Haut-Jacques, le Noirmont et les hauteurs de Corcieux (1).

On voit aussi les censes de *Fouchifol* et la *Planchette* (en patois la *Piachatte*), petit hameau *d'Entre-deux-Eaux*. C'était là que les sorciers se donnaient rendez-vous autrefois. Il y a deux siècles environ, trois femmes de Fraize et plusieurs autres de Mandray, un enfant de 11 ans même, furent brûlés pour avoir assisté au *Sabbat* à la Piachatte.

Le chapitre de Saint-Dié voulut aussi faire brûler une prétendue sorcière, la nommée *Jacquotte, femme de Mangeat le Roy* de Fraize, suspectée de n'avoir pas désapprouvé les doctrines de la réforme et d'avoir entretenu des relations avec les esprits de la Piachatte. Elle avait été, pour ce motif, saisie par l'officialité du chapitre, incarcérée à Saint-Dié, torturée longuement, convaincue de sorcellerie, condamnée enfin à être brûlée vive. L'affaire ayant été portée au Tribunal du duc *Antoine de Lorraine*, par les habitants de Fraize, le duc ordonna de surseoir à l'exécution de la malheureuse Jacquotte, mais quelque temps après, celle-ci fut trouvée morte dans sa prison.

Pour continuer la promenade, prendre le chemin qui suit la droite du kiosque. Il côtoie la forêt sur un parcours d'environ 500 mèt. avant d'y pénétrer. Le bois qu'on traverse est un des plus beaux du département; l'Ecole forestière de Nancy vient y faire chaque année des études pratiques.

Après avoir suivi ce chemin une demi-heure environ, on se trouve à une bifurcation : à droite, un sentier assez rapide conduit directement à Fraize (3 km.) : en face de soi, à 200 mèt. se trouve la *maison forestière de Mal-Journal.*

A gauche, le chemin conduit à la *Haute-Mandray* et à *Mandray*, villages disséminés le long d'un petit affluent de la Meurthe.

Saint Dié y fonda un couvent cellulaire pour quelques-uns de ses disciples. La tour de l'église servit plusieurs fois de forteresse pour lutter contre les Suédois qui ne parvinrent pas à la prendre d'assaut.

Mandray est aussi la patrie de *Marie-Jeanne Vaudechamp*, la femme du poète *Delille*. Il était venu dans les Vosges pendant la Terreur, pour trouver un abri sûr contre la fureur révolutionnaire. L'abbé Delille fut atteint d'une cécité complète au déclin de sa vie, son épouse lui prodigua les soins du plus tendre attachement et grâce à son affection, elle rétablit la santé, prolongea les jours et accrut la gloire du poète. Il aimait à se reposer à l'ombre de nos sapins ; il le témoigne en ces vers :

« Ma plus chère espérance et ma plus douce envie
« C'est de dormir au bord d'un clair ruisseau,
« A l'ombre d'un vieux chêne ou d'un jeune arbrisseau. »
(*Extrait d'une poésie intitulée : à Madame Delille*).

Traverser la *Haute-Mandray*, monter le versant opposé pour arriver sur les *Censes de Fouchifol* et la *Behouille* d'où l'on découvre *Saint-Dié, Sainte-Marguerite* et toute la *vallée de la Fave*. Le point de vue est superbe, le touriste ne regrettera pas sa course. Il retournera à Fraize par les *Journaux*. (Suivre un chemin très agréable, à mi-côte, 3/4 d'heure) (2).

De là, signalons une vue sur le *Chipal, La Croix-aux-Mines, Ban-de-Laveline, Provenchères, Saales* et la *Louvière*..

Des Journaux à Fraize, 3/4 d'heure.

Après avoir marché 10 minutes dans la forêt, on arrive au point culminant de la côte, à Pierre-Borne. On découvre subitement tous les environs de Fraize : *Scarupt, Plainfaing, les vallées de la Truche et de Habeaurupt.* Un peu plus bas on aperçoit *Anould* avec son église perchée sur une petite élévation.

Encore quelques minutes de marche avant d'atteindre Fraize où le touriste se reposera de ses fatigues. L'impression générale qu'il rapportera de cette promenade sera durable et le lendemain il n'hésitera pas à explorer une autre région.

---

(1) En prenant le chemin de gauche, on irait à *Saint-Léonard.*

(2) Les visiteurs qui, craignant la fatigue ne voudraient pas visiter la Behouille, peuvent arriver directement aux Journaux depuis la *Maison forestière de Mal-Journal* en continuant le chemin qui les a conduits chez le garde.

PROMENADE N° 2

De Fraize à Mandramont ; Retour par les Sèches-Tournées

2 heures (aller et retour)

De *Fraize* à *Mandramont* (voir promenade n° 1).

Près de *l'auberge Béking*, prendre le sentier qui suit la lisière du bois; il conduit directement aux *Sèches-Tournées*.

Le nom de *Sèches-Tournées* a été donné à ce finage de Fraize par ceux qui levaient la dîme au temps où elle s'exerçait. Le pays était pauvre, la recette était maigre, les collecteurs revenaient à vide : leur tournée avait été sèche, et le nom de Sèches-Tournées est resté à cette partie de la commune. Plusieurs auteurs ont écrit qu'à la fin du moyen-âge on y cultivait la vigne. Les *Ribeaupierre* seigneurs de Ribeauvillé touchaient à Fraize une redevance annuelle d'une charretée de vin, ce qui prouve que la culture de la vigne y était assez développée : elle ne cessa qu'à l'époque de l'invasion des Suédois. On appelle encore aujourd'hui *champs de la vigne* un coin des Sèches-Tournées.

De cet endroit la vue est jolie. Sur une longueur de 2 kilomètres on domine continuellement les environs de Fraize qui laissent au spectateur une agréable impression. *L'observatoire du Rossberg* apparaît longtemps à l'œil nu, *les hauteurs du Bonhomme, la Violette, les chaumes du Lac Blanc, du Tanet* restent visibles pendant tout le trajet.

« Souvent on croisera dans les sentiers menant aux chaumes de la montagne un jeune pâtre suivant ou précédant un compagnon aux longues oreilles, aux jambes fines et nerveuses, les bâts chargés du produit odorant du pays, et dont les services sont dignement appréciés dans ce coin montagneux et sauvage ».

De chez *Béking* à la *nouvelle route de la Croix* 3/4 d'heure. De distance en distance, des bancs et même des tables ont été disposés aux endroits les plus favorables pour jouir des plus beaux points de vue.

On peut retourner à Fraize soit par *l'ancienne route de Mandray*, soit par la *nouvelle route de la Croix* ou par la *route des Journaux*. (Pour ce dernier itinéraire, voir promenade n° 1).

Si le promeneur n'est pas fatigué, il peut continuer la promenade, se diriger vers la *Folie* par un chemin qui est en dessous de la lisière du bois. De là il gagnera *les Ponsez* et reviendra par *Scarupt*. (Voir promenade n° 3.)

PROMENADE N° 3

De Fraize à la Folie — Les Ponzez — Scarupt

3 heures (aller et retour)

ARTIR de l'hôtel de ville, suivre la grande rue et la *rue de la Costelle* environ 30 mèt. Prendre le chemin de gauche entre les *cafés Gaudel* et *Duvoid* et le suivre jusqu'à la nouvelle route (environ 400 mèt.).

De là le visiteur est libre de choisir l'ancienne route qui conduit directement à *la Folie* ou de prendre la *nouvelle route de la Croix* à droite, mais cette dernière fait un grand détour (1).

Ces deux chemins se rejoignent sur le plateau ; de là c'est l'ancienne route qu'il faut suivre sur une faible longueur pour arriver à la Folie.

Là, nouvelle bifurcation. Le chemin de gauche conduit au *col des Journaux*, au *Chipal* et à *la Croix ;* celui de droite traverse *la Folie* et conduit au *Ponsez*. La bifurcation est d'ailleurs suffisamment indiquée par un écriteau en fonte portant ces indications :

Le Chipal	2, 9	Fraize	2, 7
La Croix	5	Le Pré de Raves	6, 6

De tous les chemins que l'on rencontre à droite et à gauche, c'est celui qui est le plus à plat et le mieux tracé qu'il faut choisir. Suivre ce chemin sur une longueur d'un demi-kilm. environ. On trouvera un deuxième poteau en fonte indiquant

Le Pré de Raves	6, 1	Les Ponsez	2, 1
Fraize	3, 2	Plainfaing	7, 4

Les Ponsez forment une petite section de Fraize située à l'extrémité de *Scarupt*.

Il faut descendre au fond de la vallée, passer le ruisseau de Scarupt ; on revient à Fraize par la rive gauche de ce ruisselet. On rencontre le *chemin du Rossberg* et le *chemin de la poste* où l'on trouve un poteau donnant les indications suivantes :

Scarupt 2, 8 — Fraize 4, 5

Un chemin supérieur conduit au *Fer-à-cheval ;* un autre plus bas mène à *Scarupt* et de là à *Fraize*.

(1) Si le touriste suit cette nouvelle route, il pourra se reposer quelques instants sous le kiosque de création récente, établi en face de Scarupt, au milieu de jardinets d'agrément,

PROMENADE N° 4

Le Pré de Raves — Le Bressoir ou Brézouard ou Brézouars

Distance 14 kilom. — 1 journée (aller et retour).

Cette excursion peut compter parmi une des plus longues de la région. Départ de Fraize, suivre l'itinéraire de la Promenade n° 3 jusqu'à la *Folie*. Là un poteau en fonte marque la direction du *Pré de Raves*.

Le Chipal	2, 9	Fraize	2, 7
La Croix	5	Le Pré de Raves	6, 6

En prenant le chemin de gauche, on irait au *Col des Journaux*, au *Chipal* et à la *Croix-aux-Mines*. Il faut donc prendre à droite ; on passe près de *l'auberge Antoine*. De tous les chemins qu'on rencontre, c'est celui qui est le plus à plat et le mieux tracé qu'il faut choisir. On le suit sur une longueur de 500 mèt. environ, on trouve un deuxième poteau en fonte indiquant :

Le Pré de Raves	6, 1	Les Ponsez	2, 1
Fraize	3, 2	Plainfaing	7, 4

A cet endroit, prendre la route de gauche ; à droite on irait aux *Ponsez*. Après 5 minutes de marche, on arrive à la *Sébout*.

Des écriteaux du C. P. C. F. indiquent la bifurcation du *Pré de Raves*. Il faut entrer dans la forêt (suivre à gauche) ; en continuant le chemin de droite on irait aux *Caluches*, à la *Capitaine* et au *Rossberg*.

La route du *Pré de Raves* est charmante, elle est toujours bien ombragée et serpente continuellement dans la forêt.

Dans une éclaircie, on trouve la maison forestière des *Schlaques* (1), qu'il faut laisser à gauche. 200 m. avant on a franchi une des branches supérieures de la *Morte*, près de son confluent avec le ruisseau principal (2).

On ne tarde pas à arriver dans le vaste pâturage du *Pré de Raves*, à 1026 mèt. d'altitude. La prairie a une longueur de 2 kilm., sur une largeur de 300 mèt. environ.

A la partie supérieure se trouve une ferme isolée, on peut aller se rafraîchir et casser une croute avant de continuer la promenade : il ne faut pas quitter le site sans avoir goûté les excellents fromages de Monsieur Masson (3) [Echo non loin de la ferme].

(1) Ou du *Gros-Rein*.

(2) En prenant un petit sentier derrière la maison forestière on irait à La *Croix-aux-Mines*, par la *Louvière* (Voir itinéraire n° 9).

(3) Du *Pré de Raves* à *La Croix aux Mines* (1 heure) en passant par les 7 *Chemins* et la *Louvière*.

Les touristes qui ne veulent pas aller jusqu'au Bressoir feront bien de monter à l'extrémité Nord et Est du pâturage (20 minutes de marche) ; à la pointe N. roche des Fées ou « Pierre Noir-bois », sorte de belvédère à pic où on n'a pas de vue ; du côté E, également à la frontière, on trouve la Roche du Coq de Bruyère d'où on domine la haute vallée de la *Liepvrette*, les villes de *Sainte-Marie-aux-Mines* et de *Sainte-Croix* ; le *col des Bagenelles* est à droite et le *Bressoir* en face.

La Tête du Brézouard (alt. 1229 m.)

Si l'on ne se décide pas à aller au Bressoir, on peut, pour varier la promenade, retourner à Fraize par le *Rossberg* (3/4 d'heure depuis le Pré de Raves). Un écriteau indique le sentier de l'extrémité de la prairie, il suit continuellement la frontière.

Du Rossberg à Fraize, (voir itinéraire n° 5).

Pour aller du *Pré de Raves* au *Bressoir*, on traverse à droite ; on trouve un sentier à 5 minutes de la ferme, il monte sous bois une pente assez raide ; au bout de dix minutes, on arrive au sommet de la côte. Il faut aussi dix minutes environ pour la descendre et pour arriver au *col des Bagenelles* où croise la *route du Bonhomme à Ste-Marie-aux-Mines.*

L'ascension du *Bressoir* se fait assez facilement, grâce aux nombreux sentiers qui sillonnent la côte.

Des *Bagenelles*, prendre à gauche près d'une croix, le petit chemin qui conduit en 35 minutes, avec une pente assez rapide à la ferme de *Haycot* (1111 mèt. d'altitude).

Cette ferme-auberge est habitée toute l'année.

De Haycot au Bressoir, 1/2 heure.

Sur le sommet (1231 mèt. d'altitude), le club vosgien à construit une hutte-abri.

« La vue dont on jouit est d'une beauté surprenante ; le regard se promène librement sur toute la *chaine des Vosges*, sur la *vallée du Rhin* et les montagnes au delà. « Grâce à sa situation isolée, ce sommet offre une vue des plus étendues que l'on compare à celle du *Righi*. Le chainon du *Brézouard* se détache de l'axe des Vosges au *Pré de Raves* et s'avançant de l'Ouest à l'Est, vers la plaine d'Alsace, sépare le bassin de la *Liepvre* au nord du bassin de la *Weiss* au Sud.

A l'Ouest, par dessus la crête des Vosges, que l'on domine de 200 mèt. s'étend tout le bassin de la Haute-Meurthe jusqu'au défilé de Raon-l'Étape ; au centre de la vallée, entre les massifs d'Ormont et du Kemberg se montre *Saint-Dié*. Au Nord, le *Donon*, le *Champ du Feu* ; au Sud-Ouest le *Kahlenwasen* et tout le chainon qui borde la rive droite de la *Fecht* ; plus loin le grand *Ballon de Guebwiller* et le chainon qui le rattache à la chaine des Vosges, et à leur pied le *Lac Blanc* dans sa ceinture de granit ; au loin la plaine du Rhin, puis les grandes lignes bleues de la *Forêt noire* ; plus loin le Jura et quelquefois les *Alpes de l'Oberland*.

Au premier plan se montrent au Sud les vallons de *Fréland*, de la *Béchine*, de la *Weiss* au Nord ; puis la belle vallée de la *Petite-Liepvre*, dominée par le *Noirmont*, *Ste-Marie-aux-Mines* ; à l'Est le le chainon et le plateau *d'Aubure*. »

(*Joanne*).

Après avoir admiré le beau panorama du Bressoir, retour à *Haycot*, et de là à *Fraize*.

Pour varier la promenade, on peut revenir par le Bonhomme ou après avoir fait une visite aux mines de Ste-Marie.

M. Ehrenberg rapporte que « l'industrie minière était surtout très florissante ici vers les xve et xviie siècles ; plus de 28 mines étaient alors en activité.

L'exploitation était poussée avec une telle vigueur, que les ouvriers indigènes ne suffisaient pas et qu'il fallait les renforcer par des mineurs venus de la Suisse et des états lointains de la Saxe. Les mines d'argent cessèrent d'être productives à l'époque de la guerre de Trente ans, qui causa en Allemagne une désolation et une misère effrayantes.

La tradition raconte que le déclin des mines a été causé par un chagrin d'amour. Le génie de la montagne s'était épris d'une belle jeune fille de Ste-Marie-aux-Mines et lorsqu'il s'approcha d'elle pour lui demander sa main, elle lui tourna le dos en riant. Le cœur brisé, le génie se retira dans l'intérieur de la montagne, et fit tarir les filons d'argent devant les mineurs effrayés. En guise de consolation, la tradition annonce que le génie de la montagne ouvrira de nouveau ses trésors aux hommes. A-t-il envie de faire une nouvelle expérience avec les yeux dangereux des jolies filles de Ste-Marie ? »

Du Bonhomme à Fraize (voir promenades n°s 7 et 14).
De Ste-Marie à Fraize (voir itinéraire n° 8).

PROMENADE N° 5

La Capitaine et le Rossberg

7 kilom. (Aller) 1/2 journée

PREMIER ITINÉRAIRE

Par les Ponsez

UNE demi-journée suffit pour faire cette intéressante promenade. Partir de Fraize et se diriger sur *Scarupt*. (Voir itinéraire n° 6).

Traverser entièrement le village. A 900 mèt. au-dessus se trouve une bifurcation. Le chemin de droite, qui fait un coude très prononcé conduit au *Fer-à-cheval*, au *Col du Bonhomme* et à *Plainfaing*. Celui de gauche dessert simplement les fermes, il faut suivre en face de soi la direction des *Ponsez* (1 klm. 3). Le chemin est indiqué par un poteau en fonte.

A 600 mèt. environ de ce poteau, nouvelle bifurcation. En prenant à droite, on irait dans les fermes. Au milieu est l'ancien *Chemin de la poste*, qui va au *Col du Bonhomme* ; il faut donc prendre la route de gauche qui se rend au fond de la vallée.

A une quarantaine de mètres avant d'arriver à l'endroit où le chemin traverse le ruisseau sur un pont de pierre, on trouve une troisième bifurcation. Suivre à droite, car le chemin du bas se dirige vers les *Ponsez*.

La vallée commence à se resserrer, elle devient très étroite, ce n'est bientôt plus qu'une gorge. Le chemin suit la lisière de la forêt sur une longueur d'un kilom. environ, on entre sous les sapins et on ne tarde pas à arriver dans une clairière où se trouvent deux fermes : le *Rond-Chaxel* en haut à gauche et le *Bonxerand* en face de soi.

Pour arriver à la *Capitaine*, à peine 600 mèt. Le chemin est rocailleux par places, mais le paysage qu'on va voir depuis la *Chaume du Rossberg* fera vite oublier la fatigue du trajet. On peut se rafraîchir et même commander une omelette au lard à la ferme de la *Capitaine*. Les amateurs de pain noir et de fromage pourront se réjouir.

De la *Capitaine* à la métairie du *Rossberg*, 150 mèt. Suivre derrière la première ferme, dans la chaume (altitude 1070 m.). De là on a une vue magnifique sur le *bassin de Saint-Dié*. On peut aussi se rafraîchir dans cette maison.

Encore 10 minutes pour arriver au sommet de la Chaume (altitude 1130 mèt.), suivre un chemin assez raviné entre deux forêts. C'est le point le plus difficile à franchir : la pente est raide, mais on donne facilement le dernier coup de collier.

On aperçoit bien vite *l'Observatoire* qui s'élève près du versant alsacien, au point culminant.

Ce *mirador*, établi en 1896, avait une hauteur insuffisante en raison de l'élévation des arbres de la forêt voisine ; le CPCF a décidé sa reconstruction. En 1907, grâce à la libéralité de la commune de Fraize qui a fourni tout le bois nécessaire, *le mirador du Rossberg* a été reconstruit à neuf et sa hauteur a été portée à 12 mètres.

Du sommet de l'observatoire on domine tout le pâturage. Le *versant alsacien* est boisé. Le touriste embrasse un immense horizon : à l'Ouest c'est la *Lorraine* avec toutes ses montagnes et ses nombreux villages. *Saint-Dié* apparait nettement dans le fond au Nord-Ouest, on reconnait à l'œil nu bien des maisons de la ville. Du Nord au Sud, c'est la *chaine des Vosges* avec tous ses contreforts depuis le *Donon* jusqu'au *Hohneck*. Au N.-E., le Hoh-Kœnigsbourg. A l'Est le sommet qui domine est le *Bressoir* dont la couleur brunâtre se distingue très bien de la tête bleue des autres sommets. Au Sud-Est, c'est la *tête des Faux*, le *Zimmerlin*, la *Violette*, la dépression du *lac Blanc* et la vallée de la *Weiss* avec ses montagnes élevées. Dans le lointain ce sont les montagnes *d'Aubure* (*Altweier*), et plus loin encore on distingue la *plaine d'Alsace* et le *Rhin*. L'œil ravi glisse par dessus les cimes et les crêtes boisées des montagnes environnantes et arrive à la plaine verte et fertile du *Rhin* au delà de laquelle on distingue la *Forêt noire*.

A 100 mèt. de l'observatoire, *Fontaine Saint-Dié*.

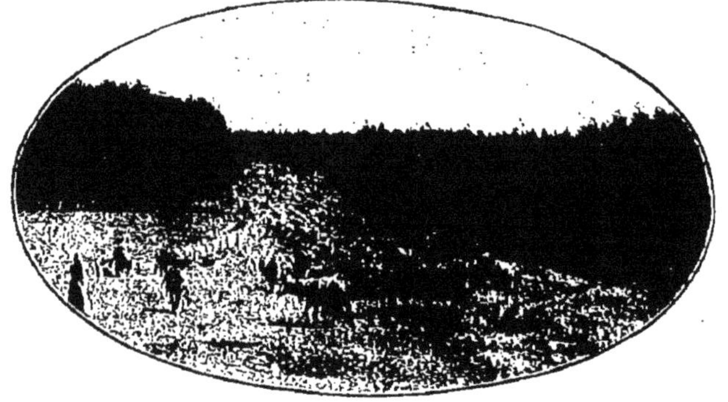

La Chaume et le Pâturage du Rossberg

Monsieur Haxaire raconte, dans une intéressante étude sur le pays, que *Saint-Diey* quittant le séjour de la Haute-Alsace pour rejoindre le *val de Galilée* à travers les montagnes, s'égara sur le plateau du *Rossberg* par suite de l'intensité du brouillard qui couronnait la hauteur. « Harassé et tourmenté par une soif ardente, le saint voyageur planta son bâton en terre et implora l'assistance de Celui qui peut tout. Réconforté par son acte de foi, et animé d'un nouveau courage, *St-Diey* arracha son bâton qui était resté en terre ; mais, ô merveille ! une source d'eau vive jaillit par la petite ouverture qu'avait faite la pointe du bâton. St-Diey put donc se désaltérer à cette source miraculeuse qui depuis a constamment porté le nom de *Fontaine Saint-Dié*. Quelques personnes prétendent que cette source ne tarit jamais, même pendant les plus grandes sécheresses, il est permis d'en douter ».

Mais le brouillard qui retenait *Déodat* prisonnier sur la hauteur du Rossberg ne disparaissait pas, le saint ne pouvait continuer sa route. Il pria le ciel de vouloir bien l'aider à sortir d'une position aussi périlleuse. Un corbeau vint alors lui apporter sa nourriture tant que les vapeurs ne furent pas dissipées. Le voyageur implora de nouveau le ciel et avec plus de ferveur encore. Ses prières furent enfin exaucées, les brouillards se dispersèrent, une voix divine se fit entendre et promit à *Saint-Diey* que dorénavant il n'y aurait jamais plus de trois jours consécutifs de brouillards dans la région.

M. Haxaire rapporte aussi cette légende : « Des hauteurs du Rossberg, Saint-Diey se trouvant en grande perplexité sur le chemin à suivre, prit le parti de jeter son marteau dans les airs, ayant au préalable, la dévote intention de fonder un monastère là où son outil toucherait terre, puis prenant sa marche sous l'inspiration de la Providence, il s'en fut tout joyeusement trouver son marteau sous les roches appelées aujourd'hui *roches St-Martin*. »

Pour rentrer à Fraize, on peut revenir sur ses pas ou par le *Pré de Raves* (3/4 d'heure). (Voir le poteau à l'extrémité opposée de la chaume. (*Du Pré de Raves à Fraize, voir itinéraire n° 4*). On peut aussi revenir par le *Col du Bonhomme* (Un écriteau indique le sentier à l'entrée du pâturage).

Si le touriste revient jusque *la Capitaine*, il aura d'autres itinéraires pour le retour.

En prenant à gauche de la ferme, on peut aller au *Col du Bonhomme*. Du col à Fraize, voir itinéraire n° 7.

DEUXIÈME ITINÉRAIRE

Aller par le Fer à Cheval, Retour par la Sébout

Partir de l'*Hôtel de Ville* par la *Costelle*, l'*Hôpital*, les *Adelins*, longer le *Champ de Tir*. A 500 m. du tir, prendre à droite en face d'une croix (*La Croix Bertrand*) un sentier qui traverse la *Rochière* et aboutit sur le chemin qui va de *Léoffaing* au *Fer à Cheval*. (Consulter aussi promenade n° 6).

Au Fer à Cheval, bifurcation.

Prendre *le Chemin du Tracé*, au milieu, un écriteau placé à cet endroit indique :

C P C F
Vierge de Hangochet
Col du Bonhomme
La Capitaine
Le Rossberg

entre la route au *Bonhomme* à droite et la route de *Scarupt* à gauche ; à 150 m. environ du Fer à Cheval, il entre à la lisière de la forêt.

A 150 m. plus loin on trouve un chemin à gauche, il dessert une ferme. (Laisser également un sentier à droite qui va à *Mougifontaine* et à la *Mongade*).

Continuer le chemin suivi, on ne tarde pas à quitter la forêt. On voit un second chemin à gauche, il ne faut pas le suivre, il va dans la vallée. Continuer toujours le *chemin du Tracé*, il rentre de nouveau en forêt (banc à droite, à la lisière). Il monte continuellement, mais en pente assez douce

Après 1/4 d'heure de marche on croise un chemin : à gauche on descendrait dans la vallée, à droite on irait encore à Mougifontaine. Continuer le chemin suivi jusqu'alors : on arrive après 1/4 d'heure de marche au *Col de Hangochet* ou *Sèche-Chaume*. Un écriteau à droite indique :

C P C F
La Sèche-Chaume
Vierge de Hangochet (400 m.) →

Profiter de cette promenade pour visiter *la Roche de Hangochet* qui est à 400 m. en contre-bas vers la route du Col du Bonhomme. (Voir promenade n° 7).

A partir du Col, continuer de nouveau la route suivie pendant 5 minutes jusqu'à la bifurcation de quatre chemins.

Le 1er à gauche est le *chemin de la Poste* qui va de Scarupt au Bonhomme.

Le 2e, aussi à gauche est le *chemin du Bouxerand*.

Le 3e est la continuation du *chemin du Tracé* dans lequel on se trouve ; il va au Rossberg en passant par la *ferme de la Capitaine* (1).

Le 4e à droite est la *continuation du chemin de la Poste.*

Deux écriteaux à droite indiquent :

C P C F
Fraize
Plainfaing →

C P C F
Col du Bonhomme (2 km 5).
←

Un autre écriteau à gauche :

C P C F
La Capitaine
Le Rossberg
Observatoire
→

C'est donc le 4e chemin, celui de droite ou Chemin de la Poste, indiqué « Col du Bonhomme, 2 km 5 » qu'il faut suivre sur un parcours d'environ 150 mètres, puis le quitter pour prendre à gauche le *chemin du Rossberg* par les hauteurs.

Deux écriteaux indiquent le chemin.

Celui de droite mentionne *Scarupt* et *Fraize* et celui de gauche : *La Capitaine, le Rossberg* et *l'Observatoire.*

Après 20 minutes de marche on rencontre une première fois *la frontière* (borne 2691) qu'on laisse à droite pour la retrouver 6 minutes plus loin (borne 2685). Suivre alors la frontière jusqu'à *l'observatoire.*

En résumé, temps de marche :

Hôtel de Ville au chemin de la Rochière	20	minutes
Chemin de la Rochière au Fer à cheval	17	—
Chemin du Tracé	47	—
Chemin de la Poste	4	—
Du chemin de la Poste à la 1re frontière	20	—
1re frontière à 2e frontière	6	—
2e frontière à l'Observatoire	10	—

Total, environ 2 heures.

(1) En continuant le 3e chemin (ou chemin du tracé) on va au *Rossberg* en passant par la *Capitaine*. Suivre ce chemin pendant une demi-heure environ et l'on peut lire deux écriteaux. Celui de gauche mentionne :

C P C F
Scarupt — Fraize
Plainfaing
←

et celui de droite :

C P C F
Col du Bonhomme
→
Observatoire du Rossberg
←

en prenant le chemin de droite on retournerait au *Col du Bonhomme*. Continuer la route suivie pendant 10 minutes pour arriver à la *Capitaine*.

De la *Capitaine* au *Rossberg* (voir 1er itinéraire).

Par la Sébout

Descendre par la tranchée qui sépare la chaume de la ferme du *Rossberg* et prendre à gauche à partir du bas de cette tranchée ; 15 minutes pour arriver à *la Capitaine* ; prendre ensuite un chemin qui descend toujours en pente douce ; (ne pas confondre avec un autre qui part à droite en descente raide).

De la Capitaine à la *Chaume des Caluches*, 7 minutes. Suivre toujours le même chemin jusqu'à la *Sébout* : Il est toujours bien ombragé et traverse un éboulis de roches sur une assez grande longueur.

A la sortie de la forêt, écho, à 20 mètres en dessous du chemin. Le décor change, jolie vue sur Fraize et les environs.

100 mètres plus loin prendre une traverse de 150 mètres qui coupe deux lacets du chemin du *Pré de Raves*, pour suivre ensuite ce chemin jusqu'à la *Folie*, à la rencontre avec la *Grand'voie*.

De la *Sébout* à la *Grand'voie* 17 minutes. Suivre ensuite la *Grand'voie jusqu'à Fraize* (20 minutes).

Temps de marche :

Observatoire-Capitaine	15 minutes
Capitaine-Caluches	7 —
Caluches-Sébout	32 —
Sébout-Grand'voie	17 —
Grand'voie à Fraize	20 —

Total : une heure 1/2 environ.

Nota. — Les indications contenues dans cet itinéraire sont dues en grande partie à l'extrême obligeance de M. Odile, de Nancy, le touriste bien connu de la région de Fraize.

PROMENADE N° 6

De Fraize au Fer à cheval par Scarupt et retour par Plainfaing

2 heures (aller et retour)

CETTE promenade est peu fatigante. La route, toujours bien exposée au soleil, en fait une des promenades les plus goûtées dans les derniers jours d'automne ou au commencement du printemps.

Partir de l'*Hôtel de ville*, suivre la *Grande rue* jusqu'en face de l'ancien *Hôpital* et prendre à sa droite la *rue de la Costelle*.

Fraize donnait autrefois son nom à un ban considérable dont *La Costelle* était le chef-lieu. C'est dans ce quartier qu'on trouve les plus vieilles maisons. Pendant la période révolutionnaire, les offices étaient célébrées dans le sous-sol d'une de ces anciennes habitations. La route pour se rendre à *Plainfaing* passait alors sur la rive droite de la Meurthe. C'est au coin de la *boulangerie Mathieu Knur* que se trouvait la potence à Fraize avant 1789.

Le chemin qui fait suite à la *rue de la Costelle* conduit directement à *Scarupt* (2 klm.) ; c'est une section de Fraize située dans une riante vallée.

En 1717 une sentence fut rendue par la cour spirituelle de Saint-Dié contre huit habitants de Scarupt, qui avaient placé un mort sur la table d'autel de la croix qui se trouve au milieu du village, en chantant le Libéra. Aux prières liturgiques succédèrent des chansons profanes et le mort fut oublié. Les habitants coupables furent condamnés à faire amende honorable pendant trois dimanches devant la grande porte de l'église ainsi que devant la croix du village, et à payer solidairement cinq cents livres de cire à la confrérie des morts, érigée en l'église de Fraize.

Traverser entièrement le village. A 900 mètres au-dessus se trouve une bifurcation. Le chemin qui conduit au *Fer à cheval* décrit avec celui de Scarupt une courbe très prononcée. En face de soi on a deux autres chemins : celui de gauche conduit à *la Capitaine* et *au Rossberg ;* celui de droite *aux Ponsez* (1 klm.) et au *col du Bonhomme.* Ce dernier chemin a été suivi par les Allemands en 1870, c'est l'ancienne *Route de la Poste.*

On arrive bientôt au *Fer à cheval* (1 klm. 500) où l'on jouit d'un coup d'œil superbe.

La vue s'étend au loin. On domine *Plainfaing*, la vallée de *Habeaurupt*, *Fraize*, *Anould*, *St-Léonard* et l'on aperçoit la *nouvelle route de la Croix* avec ses nombreux lacets. On a devant soi le *col des Journaux*, le *col de Mandray*, le hameau des *Sèches-Tournées*, les montagnes des *Rouges-Eaux* et la *Roche des Fées.*

Le nom de *Fer à cheval* vient de ce que la route du Bonhomme fait à cet endroit un coude très prononcé (1).

La vallée est également intéressante à voir quand le soir les lampes sont allumées dans toutes les maisonnettes qui sont éparpillées aux flancs des côteaux. A la Toussaint, on commence les *loures.*

« On se rassemble le soir, après le souper, les grands et les petits, auprès du poêle qui ronfle, moins pour continuer quelque ouvrage commencé que pour s'entretenir des affaires de la famille, discuter quelque projet, bâtir des châteaux en Espagne. De temps en temps la porte s'ouvre, et un voisin, tout transi de froid, tout grelottant, vient se mêler aux gens de la maison. Il n'arrive pas seul : sa femme, ses enfants le suivent de près. La conversation change aussitôt de ton et d'allure. On s'informe des nouvelles du quartier, on s'inquiète de la mercuriale du dernier marché, les femmes se demandent mille explications sur les tricots, sur les broderies qu'elles ont apportées et sont déjà en train de mener à bonne fin.

Peu à peu de petits groupes se forment, les jeunes se rapprochent des jeunes sous l'œil vigilant des mères, les gens sérieux agitent ensemble de graves questions, les vieux fument silencieusement leurs pipes. Quelques hommes se sont attablés pour faire une partie de bourre ou de brelan, refusent de quitter les cartes et il faut presque les leur arracher des mains. On sert alors le pain de seigle, le fromage anisé, des pommes, des noix. Une large distribution d'eau-de-vie vient ensuite et termine la veillée. On échange quelques poignées de main, quelques plaisanteries aussi, plus ou moins nouvelles, après quoi le maître de la maison reconduit ses visiteurs jusqu'au seuil de la porte et bonne nuit ! à une autre fois ! »

La promenade est facile à achever, on arrive bientôt aux *Eauvernelles* et au *bureau de Douanes* de *Plainfaing* 2 klm. Retour à Fraize, 1/4 d'heure.

(1) En suivant la route qui monte on arriverait au col du Bonhomme (5 k. 700) *voir promenade n° 7.*

PROMENADE N° 7

Le Col du Bonhomme par Scarupt ou par Plainfaing (nouvelle route) — Roche de Hangochet — Retour par l'ancienne route.

Demi-journée (aller et retour)

Col du Bonhomme, 7 km.

La promenade que nous offrons aux touristes peut se faire en auto par la *Route départementale*; les vélocipédistes devront descendre de machine après avoir passé le *Bureau de Douanes de Plainfaing*: gare aux pannes pour le retour!...

Au départ de Fraize 2 routes différentes conduisent au col du Bonhomme, l'une en passant par *Scarupt*, l'autre en passant par *Plainfaing*, la *Douane* et les *Eauvernelles*.

Ces deux routes se rejoignent au *Fer à cheval* (voir promenade n° 6) entre Plainfaing et Scarupt. Du Fer à cheval continuer la route qui monte et qui conduit au col (5 km. 700).

La vue s'étend continuellement sur *Plainfaing*, les vallées de *Habeaurupt et de Barançon*, il n'est pas d'autre endroit d'où l'on puisse le mieux admirer ce coin du canton.

A 200 mèt. à gauche et au-dessus de la route, voir aussi les *roches de Mougifontaine*.

On passe à côté de plusieurs *carrières de granit* de diverses nuances dont les blocs, d'abord dégrossis sur place, sont ensuite taillés et polis à Fraize.

Un peu au-dessus de la première carrière le promeneur remarquera les nombreuses maisonnettes du *Forêt* éparpillées çà et là dans les roches. Autour de ces modestes habitations, un mur grossièrement formé de pierres brutes simplement posées les unes sur les autres, enclôt un petit coin de terre où croissent le seigle, la pomme de terre et quelques légumes.

De temps à autre la route, toujours bien ensoleillée, traverse un petit coin de forêt de sapins et d'épicéas.

On voit de loin les hauteurs dénudées qui dominent le *Bonhomme* : la *Violette*, et ses contreforts.

A l'entrée de la première forêt à gauche se trouve le nouveau sentier qui conduit directement à la *roche de Hangochet*, c'est le meilleur (20 minutes de marche).

Un peu avant la sortie de ce premier bois, à gauche, on trouve un second sentier et un écriteau qui indique aussi la *roche de Hangochet* (10 minutes de montée).

Cette roche mérite d'être visitée, non pour la vue dont on jouit, mais pour elle-même. C'est un gigantesque bloc de quartz d'une trentaine de mèt. de hauteur. Au pied se trouve une excavation dans laquelle on a placé une statue de la vierge. Tout autour se trouvent de nombreux ex-voto : des béquilles, des crosses, des bâtons, des vêtements même qui ont été apportés à cet endroit pour rappeler les guérisons de ceux qui n'ont pas imploré en vain la madone.

On dit qu'autrefois les jeunes filles venaient prier la vierge de Hangochet pour être mariées dans l'année : La madone a dû rejeter bien des supplications, car aujourd'hui les jeunes filles n'y vont plus, elles préfèrent le pèlerinage de Monthegoutte, le jour de l'Ascension.

A la sortie du bois on aperçoit la ferme-auberge du *col du Bonhomme ;* 950 mèt. d'altitude. Un sentier à gauche conduit à la *Capitaine* et à *l'observatoire du Rossberg ;* deux routes et un sentier descendent au *Bonhomme ;* le *chemin des sapins* à droite mène au *col du Luschbach ;* il suit de près la frontière, mais il se trouve en territoire annexé; un dernier sentier conduit aux *Bagenelles.*

« Le premier spectacle offert à nos regards, c'est la *borne-frontière,* indiquant que l'empire allemand est à deux pas ; ce sont les couleurs et les aigles étrangères ; c'est la silhouette d'un douanier prussien aux aguets derrière un sapin et dont l'uniforme vert tranche à peine sur l'ombre de la forêt. » G. Flayeux.

Le *col du Bonhomme* rappelle maints souvenirs historiques. En 1477, *René d'Anjou,* duc de Lorraine, y passa en revenant de Strasbourg, avant de battre Charles le Téméraire sous les murs de Nancy. Le *duc Antoine* utilisa le même passage pour rentrer en Lorraine après sa brillante victoire sur les Rustauds en 1525.

Le Col du Bonhomme (alt. 949 m.)

M. Ingold, inspecteur des eaux et forêts à Fraize, a découvert d'anciennes redoutes non loin du col. La carte de Cassini (1640), y indique « *le fort Galasse* » situé sur le versant alsacien, dans la forêt communale du Bonhomme. Il a été probablement construit par *Charles IV,* duc de Lorraine en 1633, pour défendre le pays contre les Suédois qui occupaient déjà une partie de l'Alsace. Le nom de *Fort Galasse* aurait été donné à cette redoute en souvenir du *comte de Gallas,* le vainqueur des Suédois à Nordlingen en 1634.

« Ce fort dût d'ailleurs bientôt être enlevé par les Suédois puisqu'ils occupèrent Saint-Dié en 1635 et en 1639 ; la tradition qui rapporte qu'une bande de *Houèbes* fut détruite par les paysans vosgiens embusqués au lieu dit *la Poutraut,* entre Plainfaing et Fraize, fait supposer que les envahisseurs passèrent, en partie du moins, par le col du Bonhomme.

« En 1636 d'ailleurs, le fort n'était certainement plus occupé par les Lorrains, puisque le 25 janvier, le corps du *cardinal de La Valette* allant ravitailler les défenseurs du château de Kaysersberg passait sans encombres le col du Bonhomme.

« L'une des redoutes de forme circulaire, à fort relief, paraît bien être le fort Gallas, car elle commande parfaitement l'ancienne route, dite vieille *route de la Poste,* qui seule existait au XVIIe siècle.

« La deuxième, de forme rectangulaire, a un relief moins accentué. Elle ne commande pas la vieille route de la Poste, mais seulement l'ancienne route construite du temps de *Stanislas.* Aurait-elle été élevée alors pour défendre le passage, ou bien ne daterait-elle que de 1814 ? »

L'armée de 1814 passa au col du Bonhomme, une grande partie des troupes alliées le traversèrent ; le défilé dura trois jours.

« La troisième redoute, au sud de la route départementale, à tracé bastionné, de très faible relief, est bien connue des habitants de la région ; elle a été construite en 1870, exactement sur la ligne séparative des deux départements. » H. Ingold.

Les *Allemands n'utilisèrent pas ce passage.*

Pour retourner à *Fraize,* prendre l'ancienne route qui passe *derrière l'auberge,* elle est inaccessible aux voitures. On arrive après une demi-heure de marche au hameau de *Barançon ;* on a toujours devant soi la vallée de la Meurthe.

Ce *hameau de Barançon,* accroché au flanc de la montagne possédait autrefois une fonderie où l'on travaillait le minerai de *La Croix.*

Les *scieries* sont nombreuses le long de la vallée ; l'industrie des planches y est en honneur.

Monsieur Charton raconte que (1) ce pays fut témoin en 1828 d'un de ces événements rares et inatten-

(1) Voir son ouvrage intitulé : Les Vosges pittoresques et historiques.

dus qui remuent, rassemblent et étonnent les populations des campagnes, peu habituées à de semblables spectacles. Le roi de France, *Charles X,* traversa ce pays pour se rendre de Strasbourg au camp de Lunéville en passant par Saint-Dié. Au premier bruit de son arrivée, les montagnards du canton de Fraize et des cantons limitrophes désertèrent leur toit et vinrent en foule se grouper sur la côte du Bonhomme. Jamais roi de France ne s'était montré à leurs yeux. Ils s'en faisaient la plus extravagante idée. Leur folle imagination lui donnait, dans l'ordre physique, la place qu'il occupait dans l'ordre moral. Il semblait être pour eux, un être phénoménal, surnaturel, miraculeux. Ils se le représentaient avec une taille colossale, un port majestueux, une figure céleste, un regard imposant ; ils le voyaient brillant d'or, portant sa couronne de diamants, revêtu de son manteau royal environné de toutes les magnificences, de tous les prestiges de la souveraineté. Aussi pour honorer le monarque, s'étaient-ils parés de leurs plus beaux habits et se montraient-ils impatients de l'envisager de près, disposés à tomber à genoux devant lui pour peu qu'il réalisât l'image olympienne qu'ils en avaient conçue.

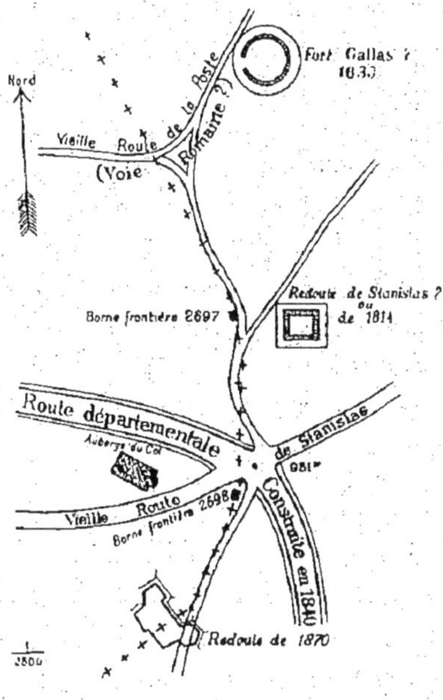

Les Redoutes
du Col du Bonhomme

Charles X, flatté des hommages que toute une contrée lui apportait, fit arrêter sa voiture au sommet du Bonhomme, en sortit, et se présenta dans le plus simple costume de voyage, aux regards de la multitude qui resta stupéfaite de la ressemblance du prince avec la plupart des mortels et se refusait à croire qu'il était le roi. Son étonnement cessa pourtant. Des acclamations de joie, mêlées au cri de : *vive le roi* retentirent de toutes parts et furent répétées par les échos lointains.

Le roi sourit, selon son habitude, à cette vive expansion des sentiments que sa vue inspirait. Il sembla éprouver du plaisir à se trouver au milieu d'un peuple qu'il ne croyait point civilisé. Il laissa s'approcher de lui les magistrats municipaux des villages et voulut descendre à pied avec eux la pente rapide du Bonhomme.

Dans ce moment, deux grotesques ménétriers, l'un boiteux et l'autre bossu, l'un jouant du violon et l'autre de la clarinette, perçant avec peine les rangs serrés de la foule, se placèrent résolument devant le monarque et se mirent à faire entendre, sans s'inquiéter le moins du monde des sons criards et discordants de leurs instruments, l'air si populaire, si répandu alors de : *En avant Fanfan la Tulipe !*

Loin de s'en fâcher, le roi rit de tout son cœur de cette rustique ovation. Il voulut même que les musiciens le précédassent en continuant de jouer le même air jusqu'au bas de la côte. Là il remonta en voiture, après avoir remercié les maires de l'accueil qu'il avait reçu de leurs populations et leur avoir promis sa puissante protection.

Devisant entre eux du spectacle qu'ils venaient de voir et des impressions qu'il leur avait causées, les montagnards regagnèrent leurs foyers pour y continuer leur vie obscure, mais tranquille, et deux ans après, l'imprudent roi Charles X, le prince à la volonté immuable, quittait le trône de France, pour reprendre avec sa famille, le chemin douloureux et l'existence amère de l'exil.

De *Barançon à Fraize*, 3/4 d'heure.

PROMENADE N° 8

De Fraize à La Croix-aux-Mines, Ban-de-Laveline, Wisembach, Sainte-Marie-aux-Mines

25 km. (aller) une grande journée (aller et retour)

De Fraize à *La Croix-aux-Mines*, 9 km. ; suivre jusqu'au 1er poteau en fonte l'itinéraire de la promenade n° 3 ; suivre le chemin de gauche jusqu'au sommet, à *Pierre-Borne*, puis descendre 500 mèt. de forêt, pour arriver aux *Journaux* et ensuite au *Chipal* (carrière de marbre blanc), où de nombreux sentiers conduisent. On arrive aussi à *La Croix* en suivant continuellement la nouvelle route, le chemin est un peu long mais il est praticable aux voitures et aux automobiles, il présente un certain intérêt.

La Croix-aux-Mines a 1461 habitants. On y exploitait autrefois l'argent, le plomb, le cuivre, le fer. En 1581, ces mines donnaient un bénéfice net de 1.500 écus d'or par semaine, ce qui représente un revenu annuel de 750.000 francs.

Entre Fraize et La Croix-aux-Mines. Pierre-Borne.

« Pendant toute la durée du moyen-âge, dit M. Bleicher, le rendement des mines était assez considérable pour exiger une vraie administration minière, avec un code spécial régissant une armée de travailleurs. Les historiens célèbrent les découvertes de blocs de minerai d'argent qui venaient de temps en temps récompenser les travaux des ouvriers et contribuer à maintenir leur célébrité »

Le filon est parait-il un des plus puissants de France ; il a une largeur qui atteint parfois 50 ou 80 m. Il existe encore plusieurs galeries et des puits très profonds en différents endroits. Trois centres principaux d'exploitation ont été établis : 1° à *La Croix* ; 2° à *Saint-Jean* ; 3° au *Chipal*.

Au XIXe siècle, diverses Compagnies ont essayé de continuer l'exploitation ancienne, mais toutes les tentatives ont échoué ; une nouvelle société doit reprendre sous peu les travaux avec des machines et des outils plus puissants. Espérons que le *petit minou* (c'est le nom que l'on donne au Génie des mines de la Croix), facilitera les recherches des nouveaux mineurs et qu'il leur livrera les trésors qui sont enfouis dans le sous-sol.

La Croix-aux-Mines possède aussi une importante filature de bourre de soie, éclairée à l'électricité, elle occupe près de 500 ouvriers.

De la Croix-aux-Mines à *Ban-de-Laveline*, 4 km., traverser la section de *Verpellière*.

En entrant à *Ban-de-Laveline* (2.000 hab.), on voit sur la place du marché, à gauche une statue de Jeanne d'Arc. Belle église presque entièrement reconstruite il y a quelques années. La bourgade est jolie, elle possédait autrefois un ancien château féodal et des fortifications dont il ne reste plus aucun vestige.

A *Ban-de-Laveline* et à *Wisembach*, il existe de bons hôtels.

De *Ban-de-Laveline* à *Wisembach*, 4 km., traverser le village de *Gemaingoutte* (273 hab.).

Wisembach (808 hab.), est un joli petit village frontière encaissé dans une profonde dépression, ancienne église, bureau de Douanes.

De *Wisembach* au *Col de Sainte-Marie-aux-Mines*, 1 heure, suivre la route nationale ou l'ancienne route ou divers sentiers très faciles à trouver.

« Sur le point culminant de la montagne qui sépare les Vosges de l'Alsace, le duc Thiébaut avait fait construire, vers la fin du XIIIe siècle, un château-fort auquel il avait donné le nom de *Châtel-sur-Faite*, et qui était destiné à arrêter les invasions et à protéger le péage. Ce château a été entièrement détruit, on ignore à quelle époque. Il n'en reste plus aujourd'hui que quelques pierres, un enfoncement qui indique l'emplacement d'un puits et une plate-forme entourée de distance en distance par une légère élévation de pierres couvertes de ronces et de mousse.

Les *Suédois*, pendant la Guerre de 30 ans, ont livré un sanglant combat aux soldats qui défendaient le Château de Faite ; les eaux du Ruisseau Blanc furent rougies du sang des victimes.

Louis XIV passa dans le pays, vers 1681 avec le Dauphin, Madame et sa cour pour aller prendre possession de Strasbourg.

A 100 mèt. environ, derrière l'*hôtel du Château-de-Faite*, au *Col de Sainte-Marie*, on jouit d'un magnifique point de vue sur les ruines de *4 burgs alsaciens* : Le *Hoh-Kœnisbourg*, le *Frankenbourg*, l'*Ortenbourg* ou *château de Scherweiler* et le *Ramstein*.

Du Col à *Sainte-Marie-aux-Mines* (*Markirch*) 1 heure. Continuer la route nationale ou suivre divers sentiers bien tracés.

Sainte-Marie-aux-Mines (12.000 hab.) se trouve au fond de la vallée de la *Lièpvrette*, à 20 km de Schlestadt, s'étend sur une longueur de 2 km entre des montagnes élevées. Les environs sont très montueux, et remarquables par les gisements métallifères de toute espèce. Le sol, pierreux, donne peu de céréales, mais on y cultive beaucoup la pomme de terre. Sur les hauteurs on élève des troupeaux.

L'industrie est la principale richesse du pays ; les filatures, les tissages de laine et de coton, connus sous le nom d'articles de Sainte-Marie, les blanchisseries et les teintureries, en forment les éléments essentiels.

La *Lièpvre* ou *Lièpvrette*, appelée *Landbach* par les indigènes, divise Sainte-Marie en deux parties, qui avant la Révolution appartenaient à des seigneurs différents ; la partie Nord appartenait au duc de Lorraine, et fut réunie à la France en 1736 ; les habitants parlaient français et patois. Le quartier du Sud faisait partie de la Seigneurie de Ribeaupierre ; les habitants parlaient allemand. Par suite de la Révolution, les deux parties de la ville furent réunies, et peu à peu on vit disparaître les différences de langage et de mœurs.

Le *retour à Fraize* peut s'effectuer par le même chemin ou par le *Pré de Raves*, ou par *Saint-Dié*. (Dans ce dernier cas, prendre le courrier ou l'auto de Sainte-Marie).

PROMENADE N° 9

De Fraize à la Croix-aux-Mines par les Schlaques et la Louvière

1/2 journée (aller et retour)

La promenade que nous indiquons aux touristes est rendue attrayante par le superbe point de vue de *la Louvière*.

Suivre l'itinéraire de la promenade n° 4 jusqu'à la *maison forestière du Gros-Rein ou des Schlaques*.

Prendre un sentier bien tracé derrière chez le garde, il entre de suite en forêt et longe de jolis groupes de rochers.

Après cinq minutes de marche, on trouve deux écriteaux cloués à un sapin, ils indiquent :

> C.P.C.F.
> **Sentier de Ronde**
> **Les 7 Chemins**
> **La Croix-aux-Mines**
> **Maison forestière du Gros-Rein**

> C.P.C.F.
> **Les Chaumelles**
> **La Croix-aux-Mines**

Le touriste doit s'engager dans le sentier à droite du premier écriteau ; après un parcours de 100 mètres environ, il retrouve deux nouvelles indications :

> **Chemin du Gros-Rein**
> **Les Chaumelles**
> **La Croix-aux-Mines**

> C.P.C.F.
> **Sentier de Ronde**
> **Les 7 Chemins**
> **La Croix-aux-Mines** (5 k.)

Suivre le sentier à droite du second écriteau.

La pente n'est pas rapide, le trajet s'effectue toujours en forêt ; à un certain moment le promeneur peut jouir d'une belle éclaircie à gauche à travers les sapins.

Dans le fond, au premier plan, il aperçoit le *Col des Journaux* et la *forêt de Mandray*, plus loin les hauteurs qui dominent *Anould*, les *Rapailles*, le *Noirmont*, le *Chalzé*, le *Thiriville* et *la Houssière*. Dans le lointain il distingue *l'Avison de Bruyères* et le *Charme de l'Ormont*, près de Tendon.

Continuer ce sentier 1/4 d'heure, il descend ensuite légèrement et le marcheur peut lire deux nouveaux écriteaux fixés à des sapins ; le premier mentionne :

> C.P.C.F.
> **Sentier de Ronde**
> **Les 7 Chemins**
> **Maison forestière du Gros-Rein**

le deuxième à gauche marque :

Forêt domaniale
de la Croix-aux-Mines

Il faut tourner à gauche et l'on arrive au bout d'un quart d'heure au *Carrefour des 7 Chemins*, on est toujours dans la forêt. Le nom de l'endroit est significatif, des plaques indicatrices marquent les directions. Suivre pendant 5 minutes le sentier qui porte cette inscription :

C.P.C.F.
Les 7 Chemins
Crête de la Louvière dite Belle-Vue
Le Pré de Raves
Versant des Grandes-Gouttes
La Croix-aux-Mines

Le touriste sort de la forêt pour pénétrer sur une vaste chaume d'où il jouit d'un coup d'œil splendide. C'est *la Louvière* (897 m. d'altitude). Le point culminant se trouve à 100 m. à gauche de la lisière.

Un superbe kiosque vient d'y être établi grâce au C.P.C.F.

La surprise est agréable et récompense amplement le visiteur de la fatigue du trajet. L'attention est captivée par le riant paysage qui se déroule en avant. Les montagnes, les vallons s'entrecroisent et s'enchaînent ; au pied se trouvent de riants villages : le tout forme un vaste et harmonieux panorama.

La vue s'étend sur les *vallées de la Morte*, de *la Fave* et de *la Meurthe* jusqu'à *Raon-l'Etape*.

Au premier plan on aperçoit *La Croix-aux-Mines*, puis *la tête de la Behouille*, plus loin en face de soi, c'est *Saint-Dié*, puis fermant l'horizon en arrière c'est *le Kemberg*, *les roches Saint-Martin*, *la carrière de la Madeleine*, les hauteurs de *Nompatelize*, *d'Etival* et la trouée *de Raon*.

A gauche le regard parcourt les *vallées de Saulcy*, *Saint-Léonard* avec les montagnes qui les dominent : *les Rapailles*, *Hennefête*, *le Plafond*.

Vers la droite on distingue nettement les *vallées de Ban-de-Laveline*, de *Wisembach*, *le Repus*, *le Giron*, *Bertrimoutier* et tous les villages qui bordent les rives de *la Fave*.

Au dernier plan, à droite, on voit *la Bure*, *le massif de l'Ormont*, *le Sapin-Sec*, *le Spitzemberg*, *la Baulée*, *le Solamont*, au pied duquel on distingue *le clocher de Saales* et *le Sanatorium du Tannenberg*. Après *le col de Saales*, à l'extrême droite, on découvre *le Voyemont*, *le Han*, *le Climont*, *la chaume de Lusse* et tout au loin bornant l'horizon *le Champ du Feu*, *la Chatte-Perdue* et *les Deux-Donons*.

Le touriste contemple une dernière fois le paysage et continue sa course vers la *Grosse-Pierre* (10 minutes de marche) à travers le gazon de la chaume. « Ces roches constituent un amas de 1.000 à 1.200 mètres carrés de rochers granitiques émergeant de 4 à 5 mètres le niveau du sol. Elles sont arrondies et se superposent d'une façon pittoresque. Elles sont situées à 1.500 m. environ au Sud du clocher de la Croix-aux-Mines et s'étendent sur le flanc Ouest de la colline qui séparent les ruisseaux de *Sadez* et de la *Morte* ». A Garnier.

De la *Grosse-Pierre* à *La Croix-aux-Mines*, 1/2 heure de marche. Divers sentiers y conduisent.

Les amateurs de pittoresque qui auraient plusieurs heures à passer à La Croix-aux-Mines pourront visiter les *Roches des Raqués ou Roches des Corbeaux* (alt. 697 mèt.).

« Elles sont situées à 2 kilomètres au Sud-Ouest du clocher, au sommet d'une montagne, presque à la limite des territoires de *Mandray* et de *La Croix* ; on y accède par des chemins ruraux à fortes pentes.

Elles constituent un assemblage de 7 ou 8 roches granitiques, couvrant une superficie de 150 à 200 mètres carrés, mais n'ayant que 1 mètre au plus de relief.

« C'est plutôt un point de vue, d'où l'on découvre *le Val de Mandray, la Vallée de la Morte*, celle de *la Fave*, et de *la Meurthe supérieure.* » A. Garnier.

De La Croix-aux-Mines à Fraize (2 heures), retour par le *Chipal*. De cet endroit, on peut suivre divers itinéraires. La nouvelle route est un peu longue pour les piétons ; il est préférable de suivre les divers sentiers qui conduisent au *Col des Journaux* : on traverse la forêt et on débouche à *Pierre-Borne.*

Le point de vue n'est pas à dédaigner : les hauteurs que l'on aperçoit sont revêtues de sapins géants, de hêtres touffus au pied desquels s'étalent de magnifiques pâturages aux teintes variées. Des fermes nombreuses se trouvent égrenées dans les moindres vallons ; *Scarupt* et *Plainfaing* se trouvent dans le fond, au milieu des prairies.

De Pierre-Borne à Fraize, 1/2 heure, le touriste ne peut s'égarer, il n'a qu'à suivre la *Grand'voie.*

PROMENADE N° 10

Le Lac Blanc par Barançon, Chaume, le Luschbach; retour par le Rudlin

12 km. (aller). Une journée (aller et retour).

ES excursionnistes qui iront visiter le Lac Blanc et les rochers qui le dominent en rapporteront un souvenir durable. C'est incontestablement la promenade la plus agréable et la plus pittoresque que l'on puisse s'offrir dans la région de Fraize.

Pour y arriver, il faut partir de Fraize et se diriger sur *Plainfaing* (1/4 d'heure).

Entre ces deux localités, le touriste voit à sa gauche la *filature des Faux*. Cette région est restée célèbre par la défaite que les gens du pays ont infligée aux *hordes suédoises*. C'est vers la fin de la guerre de Trente ans que les *Houèbes* (c'est le nom que les paysans donnaient à ces pillards) arrivèrent dans nos montagnes, ravageant tout sur leur passage. Les habitants du ban de Fraize résolurent d'exterminer ces brigands ou tout au moins de leur opposer une vive résistance. Ils se cachèrent avec des faux, des fourches, des haches dans *« ly spingues de Djéha-Djéhé »* (les épines de Jean-Jacques, aujourd'hui *la Poutraut*), et attendirent les *Suédois*. Le combat fut acharné de part et d'autre, mais il se termina par la destruction complète des Houèbes.

Les terrassiers du *duc Stanislas* qui ont construit la route du Bonhomme à Saint-Dié ont mis à découvert une quantité d'ossements humains. Il y a 50 ans à peine, le laboureur qui creusait assez profondément le sol trouvait encore des restes de ces bandits

Le nombre des cadavres fut tellement considérable qu'on mit longtemps pour les enterrer. La peste et la famine produisirent de terribles maladies dans la vallée. Il ne restait dans le ban de Fraize qu'un bœuf à *Clefcy* et un à *Anould*. Les propriétaires de ces animaux furent obligés de s'associer pour faire les labours de la région. Le petit village des *Aulnes* fut le plus affligé par cette invasion : *3 vieilles filles seulement survécurent*. En 1710, il ne restait que 81 habitants à Plainfaing et 56 à Fraize.

Le centre de Plainfaing.

La promenade ne peut se faire en voiture que jusqu'aux *Eauvernelles*, à la sortie de Plainfaing.

Plainfaing est un joli bourg de plus de 5.000 habitants, situé à la bifurcation des vallées de Habeaurupt et de Barançon (altitude : 530 m.). C'est une véritable ruche qui se distingue par son commerce, ses filatures, ses tissages et ses nombreuses scieries. Il possède un hôtel de ville moderne, de belles écoles et une église assez curieuse ; le bureau de poste, télégraphe, téléphone est de création récente, les rues sont éclairées à l'électricité.

La municipalité vient de faire aménager une *Salle de réunion* dans les anciens bâtiments scolaires. Le local est vaste, coquet, éclairé à l'électricité, chauffé par des calorifères, pourvu d'une scène artistement décorée. Il doit servir pour des conférences, distributions de prix, concerts et représentations. Un *Stand de Tir à l'arme de guerre* est installé sur la route de Barançon, au lieu dit « le Pied de la Pâle ».

Plainfaing est le village natal de *Jean Herquel*, écrivain du XVIe siècle. Il a publié une Histoire de l'Église de Saint-Dié et une biographie du duc Antoine de Lorraine.

M. Charton rapporte qu'autrefois, lorsqu'un habitant mourait, on jetait dans la rue toute l'eau trouvée dans les vases de sa maison, de peur que son âme ne vienne s'y noyer. Une personne prenait en outre, dans la couche mortuaire, une poignée de paille qu'elle allait brûler sur un point où plusieurs chemins se croisent, elle y restait à genoux jusqu'à ce que cette paille soit entièrement consumée. La civilisation moderne a fait disparaître cette coutume superstitieuse.

« Selon la tradition, la commune de Plainfaing aurait été beaucoup plus peuplée autrefois qu'aujourd'hui. On attribue cette dépopulation soit aux dévastations commises par les Suédois, soit à une peste engendrée par une sécheresse excessive qui tarit les ruisseaux et les sources et fit périr tous les poissons. Afin de ramener des habitants dans ce lieu, les seigneurs, propriétaires des forêts, concédèrent aux étrangers, moyennant une redevance très modique, le parcours dans ces forêts ».

Léon Louis, Le département des Vosges.

A 200 m. au-dessus du *bureau de douanes*, laisser à gauche la nouvelle route du Bonhomme et se diriger sur *Barançon*. Les maisons qu'on voit à gauche, au hameau du *Forêt*, sont construites au milieu des roches. On passe à côté de quelques scieries : le paysage ne manque pas de pittoresque.

A 400 m. au delà de Barançon, un poteau (à droite), indique le chemin à suivre pour arriver à la maison forestière de *Chaume*, située dans le fond d'une riante vallée où s'étale une verdoyante prairie.

De Chaume au *Luschbach*, le Comité des promenades de Fraize a créé un sentier très agréable qui serpente à travers la forêt. De nombreux poteaux indicateurs permettent aux touristes de se diriger à travers les arbres géants de cette région pittoresque. A mi-chemin, on trouve le *Sapin de la Vierge*, au pied duquel on a établi une table, des bancs et une fontaine rustique dont le bassin a été creusé dans un tronc d'arbre. On arrive au bout d'une demi-heure de marche au *Col du Rudlin* ou *Col du Luschbach* (978 mèt. d'altitude). Quand le promeneur atteint le sommet du Luschbach, avant la sortie de la forêt, il est préférable qu'il continue le sentier de droite, il évite ainsi la traversée inutile de la chaume ou la descente d'escaliers assez pénibles. Il débouche alors derrière la ferme, sans avoir foulé le sol annexé.

Le Col de Luschbach.

On trouve des rafraîchissements à la métairie, on peut même y prendre une légère collation et réparer ses forces pour continuer la promenade.

Devant soi on a une vue admirable sur le *Valtin*, petit village encaissé au fond d'un immense entonnoir formé par les montagnes environnantes. Les chaumières éparpillées sur le flanc des ravins donnent au paysage l'aspect d'une vaste bergerie d'enfant et le spectacle qui se déroule devant les yeux est véritablement joli quand on l'admire au lever du soleil. On aperçoit dans le lointain de nombreux troupeaux broutant l'herbe fine des chaumes ; le son argentin des clochettes de ces animaux paisibles impressionne agréablement l'oreille et toute cette scène majestueuse fait inévitablement songer aux bergers d'Arcadie.

Un chemin assez rapide qui passe devant la ferme descend directement au Rudlin.

Le trajet le plus difficile est fait pour atteindre le Lac Blanc. Un chemin et deux sentiers y aboutissent. Pour arriver à l'*Hôtel du Lac* (3/4 d'heure), suivre la route de gauche qui s'engage dans la forêt sur le territoire annexé.

On aperçoit dans le lointain les *gorges du Bonhomme*, de *La Poutroye*, le *Col des Bagenelles* qui conduit au *Bressoir*. On arrive sans s'y attendre à l'hôtel : le lac est presque au pied. (1140 m. d'altitude).

Le visiteur se trouve agréablement surpris de voir à une pareille hauteur cette masse d'eau d'une étendue de 25 hectares et d'une profondeur maxima de 58 m. au milieu de rochers géants qui l'entourent et qui s'élèvent à 150 mèt. au-dessus du niveau de l'eau On est tenté de s'écrier avec *Lamartine* :

« *O lac ! rochers muets, grotte, forêt obscure !*
« *Vous que le temps épargne ou qu'il peut rajeunir,*
« *Gardez de ce beau jour, gardez belle nature,*
« *Au moins le souvenir.* »

Le *Lac Blanc* tire son nom de la blancheur du sable qui borde ses rives. Il est probablement le reste d'un ancien glacier dont on voit encore à certains endroits les moraines frontales et latérales. Quelques géologues pensent que les eaux du lac correspondent avec des courants sous-marins ; d'autres prétendent qu'il est dû à des bouleversements du sol qui ont retenu ses eaux prisonnières.

En prenant le sentier à droite de l'Hôtel, on arrive sur les rochers qui dominent le lac (1270 mètres d'altitude).

On peut s'y rendre directement par deux sentiers qui partent de la ferme du Luschbach. Le premier, très rapide, suit la ligne frontière, c'est le plus court, mais nous ne le conseillons pas aux touristes, il traverse des terrains fangeux et des tourbières. Sur une centaine de mètres des rondins ont été placés de distance en distance dans la tourbe pour permettre le passage. Plus d'une charmante touriste a montré son... agilité en suivant ce sentier. Le deuxième, construit par le Club alpin français est meilleur, mais plus long. Pour le suivre, il faut prendre le chemin de la *Reichsberg* (voir poteau indicateur) et se méfier du sentier forestier très long qui se trouve en dessous et qui conduirait au Rudlin. On marche 1/4 d'heure environ dans ce chemin qui dessert la ferme de la Reichsberg. On trouve alors à gauche un sentier indiqué par un écriteau :

C.P.C.F.
Sentier du Lac Blanc

On le suit (1/4 d'heure), à travers une forêt de sapins et de hêtres. Il débouche au-dessus de la chaume de la Reichsberg ; il rejoint la frontière et le premier sentier qui part du Luschbach. On se trouve à la borne n° 2.762. Un poteau indique :

C.P.C.F.
La Frontière. Altitude 1.100 m.
Le Lac Blanc. Hôtel 1.500 m.
Le Rudlin.
Fraize. Gérardmer.

On laisse la métairie à sa droite, on foule déjà le sol des *Hautes-Chaumes*.

On suit toujours la frontière qui est indiquée par des bornes placées de distance en distance ; on traverse un petit bois de hêtres, à gauche, on longe une forêt de sapins et on arrive après 1/4 d'heure de marche au *sommet du Lac Blanc*. On trouve un poteau indiquant : *La Schlucht* : 9 km 7 ; le *Rudlin*, 4 km. 5. (1237 m. d'altitude). Borne n° 2.770.

La végétation n'est plus la même que dans la vallée. Le sol est couvert d'une herbe fine dont les troupeaux des chaumes sont très friands. Sauf la *petite pensée violette ou jaune* qui a une taille plus grande que dans la plaine, les plantes sont rabougries. Les *pins* et les *épicéas*, couverts de *lichens* et de *mousses* n'atteignent pas une grande hauteur. *L'anémone sylvie* se rapproche beaucoup de *l'anémone des Alpes* elle est doublée d'une enveloppe chaude et moelleuse qui la protège contre la rigueur excessive du climat.

Le botaniste trouvera en grande quantité *l'arnica*, le *tabac sauvage*, *l'orobanche*, le *méum* ou *fenouil des Alpes* et la *gentiane* avec laquelle les paysans des chaumes font une liqueur qui leur guérit bien des maladies. Une myriade d'insectes pullulent dans les herbes ; le collectionneur remarquera les plus belles variétés de *coléoptères* ; des *carabes*, des *cétoines* aux ailes dorées. Parfois aussi, la canne du touriste dérange un beau *lézard* qui se repose paresseusement au soleil et qui s'enfuit au moindre bruit. Le géologue trouvera des *tourbières* et une grande variété de *granit* d'un grain très fin.

Le visiteur ne se lasse pas de contempler ce panorama grandiose que la nature a placé sous ses yeux. *Speckle* au XVIe siècle et *Mappus*, botaniste strasbourgeois du XVIIIe siècle prétendent que de cet endroit la vue peut s'étendre, par un temps clair, sur douze évêchés : *Strasbourg*, *Spire*, *Mayence*, *Fribourg en Brisgau*, *Bâle*, *Fribourg en Suisse*, *Besançon*, *Metz*, *Toul*, *Verdun*, *Nancy et Saint-Dié*. C'est une exagération, mais on peut jouir d'une vue magnifique sur la *France et l'Alsace*. On domine le *Donon*, le *Champ du Feu*, le *Climont*, le *Bressoir*, le *Hohneck*, les *montagnes de Saint-Dié*, de *Gérardmer*, de *Remiremont*, de *Munster*, la *Forêt Noire*, le *Jura*, les *Alpes*, et à l'ouest toute la *Lorraine*, les *côtes de Sion*, *d'Essey*, jusqu'à la *Meuse*.

En suivant le sentier de droite on irait à La Schlucht (voir promenade n° 15). En descendant à gauche, on revient à l'Hôtel du Lac Blanc (20 minutes).

A la borne 2.770, on se trouve à une dizaine de mètres des rochers du lac. Un petit sentier y conduit et permet d'en faire le tour en dominant continuellement la nappe d'eau. Pour faire le tour du lac, (1 heure 1/2 environ). C'est la partie la plus intéressante de la promenade.

On se trouve subitement au milieu des beautés grandioses, on découvre une vue panoramique très remarquable sur toute l'étendue du bassin du lac

« Cette contrée est fraiche, solitaire, enchanteresse. Que d'endroits sur cette côte où l'on voudrait pouvoir séjourner durant les beaux jours, pour s'y imprégner de calme et de paix, pour s'y nourrir de contemplative méditation et de douce mélancolie ! Artiste, il y a de quoi s'éprendre de cette nature et lui donner son cœur et ses journées ; poète, écrivain, romancier, il y a de quoi faire le vœu de venir y achever son travail au milieu de ces bois qui apaisent, auprès de ce lac qui séduit et captive. »

Topffer.

Le Lac Blanc.

Les eaux du lac sont enchâssées dans un magnifique écrin de montagnes ; on peut embrasser du regard les moindres contours de ce merveilleux panorama. Il se dégage du paysage un tel sentiment de poésie que les touristes les plus indifférents ne manquent pas d'en être saisis dès l'abord. C'est pourquoi tous les voyageurs emportent de leur visite au Lac Blanc une impression et un souvenir que d'autres impressions ressenties dans le même voyage sont impuissantes à atténuer ou à effacer.

Le paysage est extrêmement varié : tantôt gracieux et riant avec ses pentes douces où de vertes prairies et de gras pâturages émaillées de fleurs alternent avec de beaux groupes d'arbres et de riches forêts, tantôt sévère avec ses roches nues et ses à-pics désolés.

Ici, ce sont des blocs immenses, d'un volume considérable, ressemblant à des cathédrales gothiques, là ce sont des roches moins hautes, enchevêtrées, posées au hasard les unes sur les autres, formant des étages successifs, véritables prodiges d'équilibre. L'airelle, la bruyère, la digitale, la fougère, le sorbier des oiseleurs poussent en abondance dans les anfractuosités.

On suit le sentier parfois tourbeux pendant 20 minutes environ et l'on arrive à la *source du Lac*. Un filet d'eau sort de terre et va se perdre dans la grande nappe liquide. Un banc est installé en cet endroit pour se reposer quelques instants et admirer le spectable. On s'y laisserait volontiers vivre et rêver.

Un ami me disait en revenant de cette promenade : « Il y a des Vosges et autre chose que des Vosges dans ce coin du Lac Blanc.

Des rochers abrupts qui surplombent le lac, il y a des vues panoramiques qui ne le cèdent ni en grandiose étendue, ni en majestueuse profondeur à celles de nos plus fiers sommets ; mais il y a autre chose :

Pour ma part, perché sur un roc aigu de cette haute falaise, j'ai attendu quelques minutes, les yeux fixés sur l'onde étale, dans l'espoir de voir une mouette se lever tout à coup et battre l'air de ses grandes ailes : il y a quelque chose de la mer. Au lieu d'une île se dressant fièrement dans l'immensité de l'eau, c'est un peu de mer enchâssée dans cet océan de ballons. »

P. Magron.

On a en face de soi le vaste rocher du *Château de Hans*, dont le pied baigne dans les eaux bleues du lac et dont la tête grise s'élève fièrement au-dessus des hauteurs environnantes dans la direction du *Creux d'Argent.*

La légende rapporte que ces rochers géants sont les restes d'un ancien château :

Il y a plus de trois siècles vivait au *Creux d'Argent*, près d'*Orbey*, un bûcheron très charitable qui s'appelait *Hans*. Une vieille mendiante malade lui demanda un jour sa petite maison, il la lui donna. Un jeune homme vint ensuite lui demander sa fiancée. Pour ne pas faire de peine à l'étranger, Hans, le naïf, renonça à celle qu'il aimait. Enfin un vieillard vint lui demander sa pipe et son tabac : c'était abandonner son plus grand plaisir, son habitude de fumer. Pour contenter ce vieillard, il lui donna sa pipe, qu'il tenait d'un riche étranger auquel il avait sauvé la vie.

Or, la vieille femme, le jeune homme et le vieillard n'étaient que des génies qui avaient voulu mettre à l'épreuve le bon cœur de Hans. Pour le récompenser de tant de générosité, ils lui firent construire un château magnifique au pied du lac Blanc.

Hans vécut heureux dans ce castel, il retrouva sa fortune. Il épousa *Jeannette* sa fiancée et reprit son ancienne habitude. A sa mort, le château se couvrit de rochers, ce sont ceux que nous admirons encore aujourd'hui.

La vie continue à l'intérieur de cette demeure seigneuriale, et dans une nuit bien calme, le visiteur attardé peut encore entendre de nos jours, une musique mélodieuse qui sort des rochers : c'est l'écho des fêtes que l'on donne à l'intérieur du château souterrain, en l'honneur de « *Messire Hans*,

De bûcheron créé baron
Par celui qui fait et défait toute chose,
Pour avoir sacrifié sans se plaindre
Son bien son amour
Et une habitude. »

Des écriteaux indiquent la direction de la *Schlucht*, du *Sultzeren Ecke* (col de Sultzeren), du *Lac Noir* et du *Seekanzel* (Belvédère ou chaire du Lac) 1272 m. d'altitude. Il ne faut pas manquer de faire l'ascension de ce sommet qui est le point culminant des hauteurs avoisinantes. Ce Belvédère est placé sur un contrefort de rochers qui sépare le Lac Blanc du Lac Noir. De là, on jouit d'une vue immense, inoubliable. L'impression que le visiteur en rapporte reste pour toujours gravée dans sa mémoire.

A ses pieds, il aperçoit à gauche les pittoresques vallées d'*Orbey* et de la *Weiss*, *Aubure*, le *Surcenord*, le *Blanc Rupt*, le *Creux d'Argent*. On regarde sans se lasser toutes ces métairies alsaciennes dont le toit d'ardoises ou de tuiles grises a remplacé l'antique couverture de chaume. En face de lui, le touriste voit un lac desséché qui n'est plus qu'une vaste tourbière, le *Trocknersee*, puis à sa droite le *Lac Noir*, 950 m. d'altitude, moins grand mais aussi pittoresque et les vallées du *Noir Rupt*, du *Noirmont* et de *Pairis*, plus loin encore les dépressions de la *Fecht* et de *Munster*.

En élevant le regard, on découvre en arrière, vis-à-vis l'Hôtel du Lac, les hauteurs de la *Combe* (1.000 m.), de la *Vieille Charrière*, du *Rossberg* (1.030 m.), à gauche le *Faux-Kopf* (1.220 m.), l'*Immerlinskopf* (1.215 m.), le *Bressoir* (1.231 m.), en face le *Cône de Faudé* (772 m.), le *Rain des Chênes* (884 m.), le *Hohnack* (976 m.), les *Trois-Epis* (630 m.), le *Galz* (730) et la forêt de *Turckheim*, puis à droite les hauteurs dominant *Munster*, la *Schlucht* et les *Hautes-Chaumes*.

Enfin, derrière toutes ces hauteurs, l'horizon est borné par la riche *plaine d'Alsace* et la *Forêt Noire* ; quand le temps est bien clair, on aperçoit distinctement les *Glaciers des Alpes*.

« Quelquefois, au printemps et en automne surtout, par un soleil éblouissant, caressant les cimes, le touriste pourra avoir la bonne fortune de voir, à ses pieds, une vaste mer de brouillard cacher les vallées et les plaines ne laissant émerger que les sommets les plus élevés. C'est là encore un spectacle grandiose, qui vaut la peine d'être vu et admiré.

Quand alors le brouillard s'élève et l'entoure, parfois, si la chance le favorise, il verra son ombre, projetée par le soleil, se profiler en gigantesques contours sur le mur de brume, lui offrant le rare et imposant phénomène du spectre du Brocken. »

Des écriteaux indiquent le sentier à suivre pour se rendre au *Lac Noir*, sur les *Hautes-Chaumes* et à la *Schlucht*.

Le touriste peut à peine s'arracher à la contemplation de tant de beautés, il reprend alors le sentier qui fait le tour du Lac et qui porte le nom de « *Pionier pfad* » (sentier des pionniers).

Il faut alors passer à travers un dédale de roches toujours plus pittoresques. C'est au prix des plus grands efforts qu'on a déplacé ces énormes quartiers de granit pour créer le sentier qui permet de passer. Les marcheurs médiocres le trouveront parfois pénible, mais ils seront récompensés par la beauté du site.

Touristes ! arrêtez-vous, retournez-vous de temps à autre, le décor change à chaque tournant et vous promet toujours d'agréables points de vue. Le lac est continuellement à vos pieds et le précipice devant vous.

Au bout de quelques minutes de descente, après avoir passé l'escalier-échelle muni d'une solide rampe en fer, on arrive au pied du *Château de Hans*, masse énorme, imposante, ayant l'aspect d'une vieille tour en ruine, dont la pointe sombre se détache nettement de l'azur du lac.

Le Lac Blanc. Vue prise du château de Hans.

Encore quelques centaines de mètres à descendre et on arrive au *déversoir du lac*. (Une route carrossable va d'Orbey au Lac Noir et au Lac Blanc).

Le trop plein des eaux s'écoule à travers de nouveaux rochers pour former le *Blancrupt* : les flots de ce torrent se réunissent aux eaux du Lac Noir au-dessus d'Orbey, c'est la *Weiss*, sous-affluent de la *Fecht*, de *l'Ill* et du *Rhin*.

Il ne faut pas remonter à l'Hôtel sans visiter la jolie *cascade* qui se trouve à 10 minutes environ du déversoir.

Pour cela, suivre la route qui conduit au Lac Noir, toujours à travers les roches dans une magnifique forêt de sapins.

Après 5 minutes de marche, on trouve un sentier à gauche avec écriteau « *Wasserfall* » (cascade). On quitte ce sentier à 20 mètres environ de la route et on en suit un autre à gauche, il conduit en quelques minutes au pied de la superbe cascade formée par les eaux du Lac Blanc.

On la devine de loin au grondement de l'eau bouillonnante qui tombe d'une hauteur de vingt mètres sur le massif rocheux qui forme son lit. L'eau bondit en une nappe écumante dont les fines gouttelettes viennent jusqu'aux pieds du touriste. La chute se continue au-dessous du sentier en roulant ses eaux avec fracas vers la vallée.

On revient alors sur ses pas vers la digue du Lac. En continuant la route du Lac Noir, on y arriverait dans moins d'une heure, et de là, on pourrait redescendre sur l'ancienne *abbaye de Pairis* et à *Orbey*.

Du déversoir à l'Hôtel, 20 minutes environ.

A mi-chemin, on trouve un poteau indiquant un *écho* qui répète trois fois distinctement les paroles.

Une légende dit que cet écho reste parfois muet. Un touriste maladroit ayant un jour prononcé des paroles qui déplurent au génie du lac, sa voix ne se fait plus entendre qu'aux visiteurs polis.
Le lac est à gauche, il est à peine sillonné par de légères vagues et les rochers blancs qui l'entourent lui font une ceinture gracieuse. Le lieu est absolument désert : la solitude et la majesté du site sont à peine troublées par les *Ho ! Ho !* des promeneurs ou les clochettes des vaches de la ferme qui avoisine l'Hôtel du Lac.

On va prendre alors un repos bien mérité !

Cette promenade du *Tour du Lac* se fait indifféremment dans les deux sens.

Pour le retour, on peut suivre le chemin qui se trouve derrière l'hôtel, il conduit directement au *Luschbach* ; impossible de s'égarer.

Si le touriste veut revenir par le *Rudlin* et qu'il ne désire pas faire de nouveau l'ascension du sentier qui grimpe sur les rochers du Lac, il faut suivre le chemin du Luschbach sur une longueur d'environ 100 mètres jusqu'au *carrefour de la Croix*. Un chemin à gauche conduit directement à la frontière (1/4 d'heure). Prendre à droite et se diriger sur la ferme de la *Reicheberg*, itinéraire inverse de celui qui a été suivi au départ.

De la Reicheberg, on suit le sentier forestier qui se trouve à gauche de la frontière ; après 15 minutes de marche, on rejoint le *chemin du Luschbach à la Reicheberg*. On le traverse, on continue le sentier pendant 5 minutes et on trouve le *chemin de la Salle* qui va du Luschbach à la Schlucht. A cet endroit se trouvent deux écriteaux :

C.P.C.F.
Chemin de la Salle
Le Col du Luschbach
Tanet. La Schlucht

C.P.C.F.
Le Rudlin. Fraize. Gérardmer

Ce sentier conduit en quelques minutes à la *route du Luschbach au Rudlin*. Là, nouvel écriteau à un sapin :

C.P.C.F.
Sentier interdit aux cavaliers
Les Hautes-Chaumes : 1.500 m.
Le Lac Blanc. Hôtel 3.000 m.

On suit cette route à gauche (à peu près 30 mètres) et on reprend le sentier à droite. Un autre écriteau l'indique :

C.P.C.F.
Sentier interdit aux cavaliers
Le Rudlin. 1500 m.

L'itinéraire est bien jalonné, il n'y a pas moyen de se perdre. On se trouve toujours à mi-côte. A sa droite, le touriste admire la gorge profonde, étroite et resserrée au fond de laquelle il aperçoit les eaux vagabondes d'un petit ruisseau. Au temps des pluies, il s'élance en torrent à travers les roches moussues dont son lit est tapissé. Les bancs n'ont pas été ménagés, ils permettent au promeneur de s'y reposer tout en goûtant la fraîcheur du site.

On ne tarde pas à sortir de la forêt pour entrer dans un pâturage. On le pressent avant d'y arriver. On entend dans le lointain les sonnailles des troupeaux qui broutent paisiblement l'herbe rase de la prairie.

« Comme elles sont contentes de sortir, ces bêtes ! Comme les échos des vertes sapinières retentissent de leurs appels ! Elles s'élèvent à pas mesurés dans les sentiers de la montagne, joyeuses de humer l'air pur du matin ». Grad.

A l'orée, on aperçoit un petit chalet qui sert d'abri aux douaniers ; la vue s'étend sur tout le paysage qui se déroule entre le *Vallin* et le *Rudlin*. Ces alpages sont vraiment délicieux : c'est aussi beau que les vallées de la Suisse et moins connu.

Les écriteaux sont nombreux : le premier que l'on trouve porte cette inscription :

C.P.C.F.
Sentier interdit aux cavaliers
Col du Luschbach : 2.500 m.
Les Hautes-Chaumes
Le Lac Blanc. Hôtel : 4.500 m.
Le Rudlin

et plus bas un second :

C.P.C.F.
Le Col du Luschbach
Le Lac Blanc
La Roche des Fées
La Cascade du Rudlin

On passe le ruisseau sur un pont de pierres et on remarque facilement un troisième écriteau :

C.P.C.F
Attention
Touristes ne prenez pas ce chemin

Nous sommes avertis, ne nous engageons pas dans cette voie qui dessert quelques fermes seulement.

La *Chapelle du Rudlin* est en face de nous, bientôt nous atteignons la *maison forestière* qui se trouve à notre gauche (*Télégraphe et téléphone ouverts au public*), à droite, nous apercevons le *Chalet des Hospices de Nancy*, nous sommes alors au *Rudlin*.

Du *Rudlin à Fraize* (voir itinéraire **n° 11**).

La délicieuse promenade que nous venons d'indiquer et de jalonner avec soin est un peu longue, mais c'est l'excursion classique dans la région de Fraize, celle dont on ne se lasse pas et qu'on refait toujours avec plus de plaisir.

N.-B. — Du Rudlin, le touriste harassé trouverait avec plaisir une voiture pour le ramener à Fraize ; c'est facile s'il a eu l'heureuse idée d'en commander une pour l'heure de son retour. (Prix moyen : 6 fr. pour une voiture à un cheval).

Pont des Dames au Rudlin.

PROMENADE N° 10 bis

Le Lac Blanc par la Ferme de Harnepont, la Grange-le-Poure, le Faing du Souche et le Luschbach

1 Journée (aller et retour)

L'ITINÉRAIRE suivant n'intéresse que les piétons ; la 1re partie est assez pénible, mais la promenade est toujours très attrayante par les vues d'ensemble variées et les horizons qu'elle permet de découvrir. Rien de plus agréable pour le marcheur qui ne craint pas la fatigue de fouler le gazon des chaumes, de respirer l'air vif et pénétrant des hauteurs, de se trouver toujours à des altitudes supérieures, dans un paysage qui ne manque ni de pittoresque ni de grandeur. La vue s'étend au loin sur les vallées riantes de la Haute Meurthe et se perd dans la brume de la chaîne vosgienne.

De charmants sous-bois, des orées fraîches, de la verdure, des fleurs variées, des panoramas sans cesse renouvelés, tels sont les charmes de cette excursion trop peu connue ; on en revient avec le désir de la revoir encore.

Temps de marche :
De Fraize à la ferme de Harnepont : 50 minutes.
De la Ferme de Harnepont au Faing du Souche : 3/4 d'heure.
Du Faing du Souche au Luschbach : 1/2 heure.
De Luschbach au Lac Blanc : 3/4 d'heure.

Départ de *Fraize*, se diriger sur *Plainfaing*, passer devant le *nouvel Hôtel des Postes* récemment construit et très bien aménagé, *suivre la vallée de Habeaurupt jusqu'à Noirgoutte.* A 100 m. au delà du *Moulin* prendre à gauche le chemin qui monte avec une pente assez rapide aux *fermes du Noir Pré.*

Après avoir dépassé la 2e maison, continuer le chemin qu'on a devant soi, il conduit directement à la *Ferme de Harnepont,* métairie isolée sur le flanc du contrefort qui sépare la vallée de Barançon de celle de Habeaurupt.

Ici, un premier repos est nécessaire, le paysage mérite d'être contemplé dans tous ses détails. Au premier plan, c'est *Plainfaing*, la *Mongade*, les *Sèches-Tournées*, la *route du Bonhomme* et *celle de La Croix-aux-Mines* avec tous leurs sillons. Plus loin dans le fond de ce magnifique tableau c'est le *Souche d'Anould, les montagnes qui dominent Taintrux*, le *Chatzé*, le *Noirmont*, la *Grande-Roche*, le *Haut-Jacques*, et *la Madeleine*.

Après quelques minutes de sieste, le promeneur se remet en route allègrement, non sans jeter un dernier coup d'œil sur le saisissant tableau qu'il vient d'admirer.

L'ascension n'est pas finie : Prendre au coin du jardin de la ferme le chemin herbu qui monte, il permet de contempler dans ses moindres détails la jolie *vallée de Habeaurupt* ; devant soi on distingue les *Hautes-Chaumes* avec la *pointe du Tanet.*

Il faut suivre ce chemin 1/4 d'heure environ pour regagner le chemin rural à droite duquel se trouve un éperon d'où la vue fouille agréablement les *vallées de Habeaurupt* et de *Xéfosse.*

N'oublions pas de signaler ici un *bel écho* à la curiosité des touristes.

Continuer toujours ce chemin ; après 5 minutes de marche, on entre sous bois.

On arrive alors à une charmante éclaircie dans laquelle se trouve la *Ferme de La Grange-le-Poure*. On continue à monter et on arrive par le chemin de gauche à *la Ferme du Faing du Souche* où l'on peut reprendre un nouveau repos.

Les forces réparées on continue le chemin facile qui passe devant la ferme.

Signalons ici un *nouvel écho*.

Le regard plonge sur la *vallée de Chaume,* plus haut c'est *Hangochel* et la *Sèche-Chaume.*

On entre de nouveau sous bois ; à 300 m. de la lisière, prendre le chemin de droite qui conduit directement le touriste *au-dessus du Luschbach.*

Pour gagner le *Lac blanc*, consulter les itinéraires du nº 10.

PROMENADE N° 11

Le Lac Blanc par le Rudlin

14 km. 1 journée (aller et retour)

La promenade que nous décrivons est accessible aux voitures et aux autos jusqu'au Rudlin. Se diriger sur *Plainfaing* dont l'entrée est embellie par deux châteaux modernes construits au milieu des arbres et de la verdure.

Place de l'Hôtel-de-Ville, prendre le chemin de droite (voir deux plaques indicatrices à la bifurcation). On remonte la *vallée de la Meurthe ; l'Hôtel des Postes, Télégraphe, Téléphone* est à droite ; les propriétés particulières qui s'élèvent au vestibule de cette longue vallée sont confortables et coquettes, On passe successivement devant les importantes usines de *La Croix-des-Zelles,* de *Noirgoutte,* des *Graviers,* de la *Truche,* des *Fougères,* et de *Habeaurupt.* On arrive au *Rudlin* à pied en deux heures.

Au Rudlin.

Cette vallée est le « *faubourg de Plainfaing*, faubourg usinier, les tissages, les filatures, les casernes d'ouvriers s'y succèdent sans interruption. Quelle ruche humaine en cette gorge que l'on appelle la *vallée de Habeaurupt !* La rive droite est cernée par l'inflexion de la chaine centrale qui, du *ruisseau du Laschbach,* va se déprimant graduellement vers le *ruisseau de Barançon,* recélant dans les caprices de ses ondulations le hameau de la *Hardalle.* A l'ouest, c'est le massif entre les deux Meurthe dans toute son ampleur. Des deux côtés, ce sont des pentes raides, au faîte couronné de sombre verdure, tantôt chauve et gris, avec un fouillis de rocs, de terrains incultes au milieu desquels apparaissent quelques champs en culture, puis de petites habitations, demeures des ouvriers qui trouvent çà et là, en dehors du travail de l'usine, le temps de cultiver un petit champ, un coin de jardin.

« Au fond, la rivière court, argentine et rapide, irriguant, du moins dans la haute vallée, de vertes prairies, fraiches et souriantes. Ici, en effet, l'industrie n'a pas fait oublier la culture, et ce grand faubourg industriel, formé par les maisons qui se pressent jusque Plainfaing est encore quelque peu agricole. Cet ensemble, cette nature variée, parlante, romanesque à souhait, c'est le charme de la vallée de Habeaurupt, si pittoresque, si originale, encore trop peu connue.

Jadis, de Habeaurupt à Fraize, nulle maison n'égayait la route et la rivière : l'œil devait se contenter des habitations semées sur le flanc de la montagne. Cet éparpillement des maisons, encloses, la plupart, d'un terrain à culture, est encore un des charmes de toute cette région de la haute montagne jusqu'à Saint-Dié.

L'effet en est assez original et parfois plein de surprise pour le touriste qui débarque à la gare de Fraize. Il a la sensation du spectateur tombé au foyer d'un amphithéâtre profond, aux mille logettes, remplies d'yeux braqués sur lui ». G. Flayeux.

Jetons en passant un regard sur les magnifiques groupes scolaires de la Truche et de Habeaurupt : l'école du Rudlin est construite au bord de la Meurthe.

Entre *Habeaurupt et le Rudlin,* le touriste peut voir à sa droite une profonde dépression montagneuse connue sous le nom de *gouffre de Xéfosse.* Non loin de cette gorge se trouvait jadis un lac, dit la légende. Aujourd'hui ce n'est plus qu'une tourbière où croissent des carex et autres plantes marécageuses La tradition raconte qu'autrefois les seigneurs du ban de Fraize avaient un jour envoyé deux bûcherons,

L'hôte et *Haxaire*, couper des arbres au bord du lac. Ils avaient accroché leur provende à un sapin, lorsqu'un animal invisible vint la prendre.

Le lendemain les bûcherons firent le guet ; ils virent un énorme serpent s'enrouler autour de l'arbre. Ils le blessèrent d'un coup de hache : l'affreux reptile poussa un sifflement aigu, s'enfonça dans le lac avec une telle violence qu'il en perça la chaussée. Le torrent ravagea tout sur son passage ; les restes du malfaisant animal furent retrouvés le lendemain en dessous de Fraize.

La route suit presque continuellement la Meurthe ; *l'ancien chemin* est sur l'autre rive ; de rustiques ponts en pierre sont jetés de temps à autre sur le torrent qui à cet endroit est très poissonneux.

A certains moments, le touriste a l'illusion que la vallée se ferme devant lui et qu'elle doit être sans issue, tellement les hauteurs s'enchevêtrent, mais au Rudlin elles s'ouvrent sur le pittoresque vallon au fond duquel le Valtin est assis.

Au-dessus de *Xéfosse*, on passe devant l'usine électrique qui fournit l'éclairage à Plainfaing et à Fraize ; c'est un ancien atelier où l'on taillait autrefois le granit.

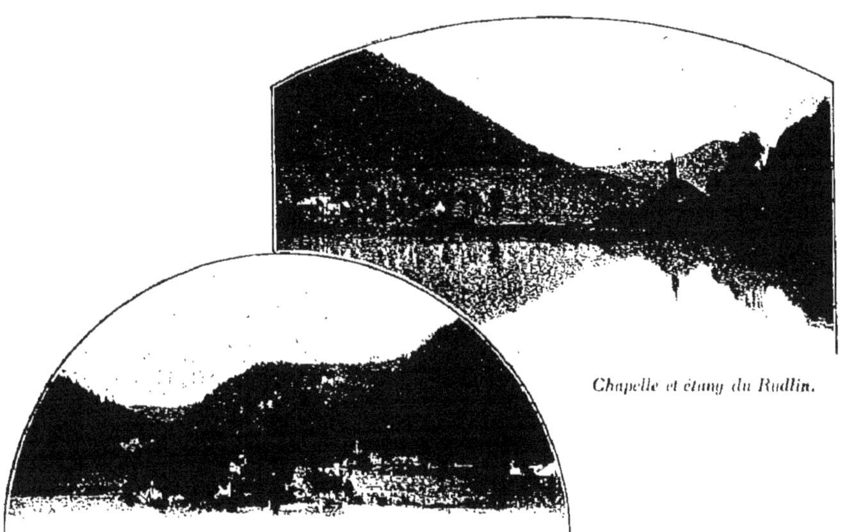

Chapelle et étang du Rudlin.

Xéfosse.

Le *Rudlin* fait partie des beautés classiques du département des Vosges. C'est un endroit charmant pour se reposer quelques heures ; on peut y villégiaturer plusieurs jours et y faire des promenades bien agréables ; quelques chalets y ont été construits.

L'aspect est ici majestueux, là original, partout saisissant. Si cette vallée était en Suisse, elle attirerait des milliers d'étrangers.

On s'arrête à *l'hôtel Petitdemange*, on prend un rafraîchissement sous la tonnelle, on entend à ses pieds rouler la Meurthe sur son lit de roches, on est entouré d'arbres et de verdure : rien de plus riant que ce petit coin perdu dans les montagnes (1).

Prendre à gauche le chemin qui conduit en 3/4 d'heure au *Luschbach* ;

(1) Du Rudlin, on arrive en quelques minutes à l'*Etang des Dames* et à la *Chapelle Saint-Jean*. Pour visiter la *Cascade du Rudlin*, voir promenade n° 12, elle est à 20 minutes de l'hôtel Petitdemange ; pour aller au *Valtin*, suivre continuellement la route, 3/4 d'heure de marche. On peut aller au Valtin en auto.

laisser à droite le *chalet de MM. de Lesseux.* La route est rocailleuse par places, il est préférable de suivre le *sentier forestier,* bien plus agréable, toujours ombragé qui a été tracé il y a quelques années. Il conduit au *Col du Luschbach* ou directement sur les rochers qui dominent *le Lac Blanc.*

Cet itinéraire a été décrit en sens inverse dans la promenade n° 10.

Télégraphe et Téléphone ouverts au public à la maison forestière du Rudlin qu'on laisse à droite.

PROMENADE N° 12

La Cascade du Rudlin

10 km. 1/2 journée (aller et retour)

PROMENADE *excellente pour les autos et les vélos jusqu'au Rudlin.*

Pour arriver au *Rudlin* (voir itinéraire n° 11). De *l'hôtel Petitdemange* à la cascade, 20 minutes de marche.

Continuer le chemin du Valtin pendant 5 minutes environ jusqu'à la *Chapelle Saint-Jean* ou *Chapelle de l'Ermitage.*

A gauche de la route se trouve *l'Etang des Dames* ; les eaux de la Meurthe y sont retenues prisonnières pour donner la force motrice aux nombreuses scieries de la vallée.

La jolie *Chapelle du Rudlin* s'élève à côté ; elle est dédiée à saint Jean qui, paraît-il, a la spécialité de guérir miraculeusement les abcès, les clous, les furoncles, etc.

« Le Folk-lore des Hautes-Vosges, par F.-L. Sauvé dit à ce propos :

« On invoque saint Jean pour la guérison des maux d'yeux et des furoncles. Pour combattre les maladies de la vue, on vante au Valtin surtout l'efficacité des conjurations suivantes :

† « Au nom de Dieu et de la Sainte Vierge †, si c'est une tache, que Dieu la détache † ; si c'est le Dragon, que Dieu le conjure † ; si c'est une fleur, que Dieu l'abolisse † ; si elle est longue, que Dieu l'approfondisse ! † »

« Dire, pendant trois mois consécutifs, avant le lever du soleil, cinq *Pater* et cinq *Ave* à l'intention des cinq plaies de Notre-Seigneur Jésus-Christ, et neuf *Pater* et neuf *Ave* en mémoire de sa mort. — Ou encore : « Dragon rouge, dragon bleu, dragon blanc, dragon volant (var : violent) de quelle espèce que tu sois, je te somme, je te conjure d'aller dans l'œil du plus gros crapaud que tu pourras trouver. — Ouvrir l'œil du malade et souffler dedans en disant : « Dragon, va-t'en comme le vent ! »

« Et à Plainfaing, on dit : « Fleur, si tu es blanche, que tu déblanches ! — Fleur, si tu es rouge, que tu dérouges ! — Fleur, si tu es bleue, que tu sortes de dedans ces yeux, au nom de la bienheureuse sainte Claire et des trois personnes de la Sainte Trinité ! » — Souffler trois fois dans les yeux du malade à chaque adjuration et dire cinq *Pater* et cinq *Ave* en l'honneur de la Sainte-Trinité et de la bienheureuse sainte Claire. »

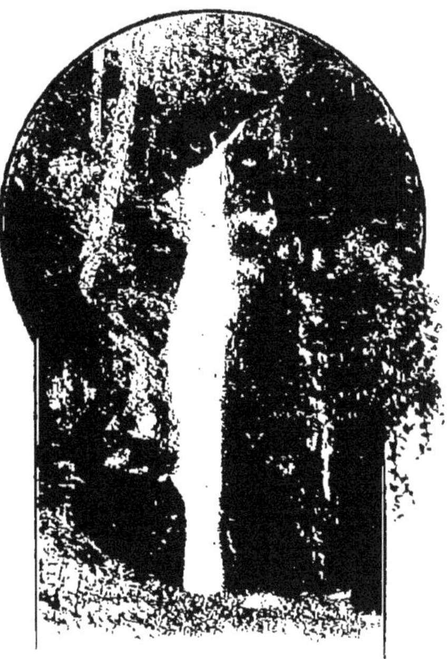

La Cascade du Rudlin.

Cette chapelle a aussi sa légende :

Le Valtin et le Rudlin appartenaient autrefois aux seigneurs de Ribeaupierre qui venaient souvent chasser le gibier dans leurs domaines. Un jour une chicane éclata entre deux frères Jean et Max de Ribeaupierre, à propos d'un ours qu'ils avaient tué, s'attribuant tous deux la gloire d'avoir abattu la bête. Jean frappa même son frère au visage, oubliant son amitié fraternelle en présence d'une suite de grands seigneurs, de nobles dames et de leur valetaille. Max, dans sa colère, allait venger l'affront, mais soudain il comprit que la vengeance serait plus odieuse encore que l'offense et il pardonna généreusement à son frère qui était tombé repentant à ses pieds. Max émit cependant l'idée que la justice divine ne laisserait pas cette mauvaise action impunie.

Jean se repentait toujours d'avoir frappé son frère, il vint lui demander de nouveau pardon dans son château. Or Max s'exerçait à tirer de l'arc, il n'aperçut pas son frère qui venait à lui et une flèche atteignit le malheureux qui expira presque aussitôt. A son tour, Max demanda pardon au mourant et fut bourrelé de remords pour avoir appelé la justice divine contre son frère.

Pour racheter sa faute, il prit l'habit de bure, vécut en solitaire au milieu des forêts et construisit un modeste ermitage à l'endroit où s'élève la chapelle qui existe encore aujourd'hui.

Un sentier à gauche de la route traverse la Meurthe et conduit directement à la *Cascade du Rudlin.*

« Cette cascade est à peu près à 100 mèt. au-dessus du fond de la vallée. L'eau tombe, où plutôt glisse du haut d'un rocher de 19 mètres d'élévation dans un bassin qu'elle s'est creusé, pour bondir ensuite de roche en roche jusqu'au bas de la pente.

Comme si la nature avait voulu orner ce lieu par le riche éclat des plus belles fleurs, dans les fissures des rochers croissent la mulgedie des Alpes, aux pétales d'un beau bleu céleste, la spirée barbe de chèvre, dont les fleurs forment de magnifiques panaches blancs l'aconit napel, avec ses casques d'un bleu sombre, l'aconit tue-loup, aux fleurs jaunes, la rose cacalie velue, avec ses larges feuilles en parasol, etc.

La solitude du lieu, le cône sombre des verts sapins, le bruit de l'eau qui gronde, enfin la beauté sauvage du site, portent involontairement l'âme à un recueillement religieux, et on sent combien l'homme est faible et petit en face des grandeurs sublimes de la nature. Si l'on monte l'étroit et raide sentier qui longe le torrent, on trouve à une centaine de mètres plus haut la chute supérieure. Le ruisseau se divise en deux branches, où l'eau, dans son cours rapide, tantôt s'élargissant comme une nappe argentée, tantôt se rétrécissant pour tomber en une seule masse, forme une suite non interrompue de petites cascades.

Et d'ailleurs, il en est de ce ruisseau comme de celui du Luschbach ou des autres torrents de la montagne ; le touriste rencontre à chaque pas de petites cascades différentes d'aspect et de forme, qui sont pour lui autant de sujets de surprises agréables et d'admiration. » *J.-A. Schandorff.*

De là, un *sentier forestier* parfaitement aménagé peut conduire au *Luschbach* où à la *chaume du Tanet* par *Belure.*

PROMENADE N° 13

De Fraize aux Trois-Épis

1 grande journée (aller et retour)

PREMIER ITINÉRAIRE

Par le Bonhomme, La Poutroye, Orbey

Le 1er *itinéraire* que nous indiquons peut s'effectuer entièrement en auto ; les vélocipédistes auront des côtes à monter, mais quelle joie à la descente !... à condition que les freins et les jarrets soient solides.

De *Fraize*, se diriger sur *La Poutroye*. (Voir itinéraire n° 14). Traverser le bourg en entier et suivre la route de Colmar 1/2 heure environ, sans aller jusqu'à *Hachimette* (*Eschelmer*). Une route à droite (voir écriteau à la bifurcation) permet au touriste de remonter la riante vallée de la *Haute-Weiss* et d'atteindre *Orbey* en une 1/2 heure.

Avant de prendre la route des *Trois-Epis*, faisons une courte station dans le joli bourg d'*Orbey* (*Urbeis*), 4.400 hab., il mérite une visite. Il est gracieusement assis sur les rives de la Weiss, ses maisons éparpillées s'étendent sur une longueur de plusieurs kilomètres en tous sens. La population industrielle et commerciale s'est établie au fond de la vallée, tandis que les fermiers occupent les collines plus élevées ; de tous côtés s'élèvent de vastes métairies dont les fromages renommés s'expédient au loin. Les habitants du Val d'Orbey parlent encore le patois vosgien.

Orbey est devenu depuis quelques années un centre de tourisme très fréquenté, il existe de bons hôtels : on se repose agréablement au fond de ces fraiches vallées bordées de hautes montagnes (1).

Excursions à entreprendre d'Orbey : Faudé, le Bonhomme, les Lacs, les Hautes-Huttes, les Basses-Huttes, le Bain-des-Chênes, la Pierre-Tremblante, Munster, La Baroche, les Hohnack, Fréland, Aubure, Kaysersberg, Colmar.

D'*Orbey* aux *Trois-Épis* (*Drei-Aerhen*) 15 km. en passant par *Tannach* et la *Baroche* (*Zell*). Les piétons peuvent suivre de nombreux raccourcis pour éviter les lacets de la grande route. Des indicateurs très précis permettent de se diriger parmi les nombreux sentiers qui sillonnent la montagne.

La *Baroche* est un village très étendu, ses maisons sont disséminées sur un plateau mouvementé, au milieu des pâturages, des rochers et des bois. *La Chapelle* est l'agglomération la plus importante de la commune.

Non loin de la Baroche se trouvent deux hauteurs : *le grand et le petit Hohnack* avec les ruines d'un ancien château.

Nous arrivons bientôt aux *Trois-Épis* (alt. 680 m.), sommet situé sur la commune d'*Ammerschwihr* ; c'est un lieu très fréquenté par les pèlerins et les touristes. Une chapelle assez vaste y a été construite et agrandie à diverses époques, elle a été brûlée par les Suédois en 1633 puis restaurée.

Des tableaux qui se trouvent dans la chapelle font connaître la légende des Trois-Epis et donnent l'origine de ce nom.

---

(1) D'*Orbey* on peut revenir à *Fraize* sans aller aux *Trois-Epis*, en passant par le *Creux d'Argent* et le *Lac Blanc*, ou bien par *Pairis*, le *Lac Noir* et le *Lac Blanc* (voir itinéraire suivant).

Vers 1490 un faucheur fut tué à cet endroit par un reptile. Pour rappeler le souvenir de ce malheureux, les parents firent placer une image de la vierge après le sapin où le faucheur avait été tué.

Quelque temps après, un habitant d'*Orbey* se rendant au marché de *Niedermorschweihr* s'arrêta pour prier la madone, mais tout à coup la vierge lui apparut, tenant dans une main un glaçon et dans l'autre trois épis de blé. Elle ordonna au paysan de dire partout ce qu'il venait de voir et d'amener les gens à se convertir ; dans ce cas ils auraient d'abondantes récoltes (image des trois épis), ou sinon tous les fléaux s'abattraient sur leurs terres (image du glaçon).

Le paysan prit la fuite, saisi de terreur, il n'osa pas raconter ce qu'il venait de voir de peur des railleries. Son marché fini, il s'apprêtait à regagner son domicile, mais les sacs de blé qu'il devait rapporter restaient fixés à terre. Malgré tous ses efforts et ceux de ses amis, il ne put les soulever, il raconta alors sa vision et sa mission ; les sacs se soulevèrent alors facilement. Pour rendre hommage à la vierge, on éleva une chapelle à l'endroit où elle était apparue.

Nos indigènes.

Stœber raconte une autre légende : un voleur avait dérobé le *saint-ciboire* de l'église d'*Ammerschwihr* et il avait jeté l'hostie en route. Elle resta suspendue à trois épis ; des abeilles vinrent l'entourer de rayons de miel et d'une couche de cire protectrice. On éleva la chapelle qui existe encore aujourd'hui pour rappeler le miracle qui venait de s'opérer.

Plusieurs hôtels modern-style ont été élevés autour de la chapelle ; les promeneurs et les équipages affluent de toutes parts en été. Rien ne manque à cette station pour en faire un centre de tourisme de premier ordre : on y goûte le charme du paysage et la pureté de l'air embaumé par la senteur des pins. On trouve dans ces hôtels « tout le confort et l'agrément des grandes stations balnéaires : bosquets et jardins anglais, bibliothèques, téléphones, salle de théâtre et de jeux ; aussi sont-ils très fréquentés par les amateurs du grand air des montagnes. On y vient même faire des cures de lait et de petit lait, des saisons d'eau, les bains de bourgeons de sapin y sont en honneur et réputés justement ».

Le coup d'œil dont on jouit depuis le *Belvédère* (près des hôtels) est splendide. On a une admirable vue sur toute la *plaine d'Alsace* et la *vallée du Rhin*, de *Ribeauvillé* (*Rappoltsweiler*) à *Rouffach*. On voit à ses pieds la *vallée de Munster* ; en face de soi c'est *Colmar* avec les nombreux villages qui l'entourent. On découvre à droite les ruines des *châteaux de Pflixbourg*, de *Hohlandsberg* et d'*Eguisheim* ; à gauche ceux de *Ribeauvillé* et du *Hoh-Kœnigsbourg*. Dans le lointain, on aperçoit le *Rhin*, la *Forêt Noire*, le *Jura* et même par un temps clair, les *Alpes suisses*.

A une 1/2 heure des Trois-Epis se trouve une autre hauteur : *le Galz* (altitude 732 mèt.) De là, la vue est plus complète, il ne faut pas manquer de le visiter ; les indications abondent à chaque pas, le touriste ne peut s'égarer.

« Le massif du *Galz* est couvert d'une plate-forme rocheuse et entouré d'un rempart de pierres. Ces groupes de rochers, en forme de Dolmens, et ce nom de Galz restent des vestiges de la période celtique. *Le Faudé*, *le Hohnack*, *le Galz* étaient, en effet, les trois montagnes sacrées où les druides offraient leurs sacrifices à *Teutatès* et à *Vosegus*. » Flayeux.

La vue dont on jouit de cette hauteur surprend par sa beauté et sa grandeur ; depuis ce sommet on domine toutes les montagnes environnantes. Le touriste aperçoit par dessus les cimes rocheuses la plaine verte et fertile de l'Alsace, avec ses champs, ses vergers, ses vignobles, ses villages éparpillés autour des grandes cités industrielles, ses vieux burgs semblables à des nids d'aigles

Au N.-E. dans le lointain c'est le *Hoh-Kœnigsbourg* et *Schlestadt*, plus près *Ribeauvillé* et *ses trois châteaux* ; au N.-O. le *Bressoir* ; à l'O. les *Hautes-Chaumes du Lac Blanc au Lac Noir* ; au S.-O. le *Hohneck* et *la chaîne des Vosges* jusqu'au *Ballon d'Alsace*, puis au S. le *Pflixbourg*, le *Hohlandsberg* ou *Hohlandsbourg*, les *3 Exen (3 sorcières)* qui dominent *Eguisheim* et dans le lointain le *Ballon d'Alsace*, le *Jura* et les *Alpes* ; à l'E. *Colmar* et ses environs, l'*Ill*, le *Rhin*, le *Canal du Rhône au Rhin* et la *Forêt Noire*.

C'est un coup d'œil inoubliable et l'on songe involontairement à l'écrivain qui dépeignait ainsi l'Alsace :

Trois châteaux sur une montagne,
Trois églises dans un cimetière,
Trois villes dans un vallon,
Trois poêles dans un salon,
Voilà l'Alsace en tout et partout !

Le touriste enthousiasmé reprend le chemin des hôtels et songe au retour qui peut s'opérer suivant plusieurs itinéraires.

D'abord il peut refaire la course en sens inverse, ou descendre à pied à *Ammerschwihr*, (les indicateurs sont nombreux) et reprendre le tramway jusqu'à *La Poutroye* pour revenir à pied à *Fraize*.

Le retour peut aussi s'effectuer en passant par le *Hohnack* (altitude 980 m.) et *les lacs* (4 heures jusqu'au Lac Blanc). On domine les crêtes, c'est une course très goûtée et des plus intéressantes.

Enfin l'attrait du voyage s'augmente encore si le touriste désire revenir par *Turkheim* et *Colmar*. Pour cela, il doit prendre le *tramway électrique* qui descend plusieurs fois par jour des *Trois-Epis à Turkheim*, à travers les magnifiques forêts de *Niedermorschwihr*. Arrivé à la gare de *Turkheim* prendre le train jusqu'à *Colmar*.

De *Colmar* à *Fraize* (voir itinéraire nº 14). De *Turkheim* on peut aussi revenir par *Munster* et la *Schlucht*.

DEUXIÈME ITINÉRAIRE

Par le Lac Blanc, le Lac Noir, Orbey

Pour cette promenade, laisser les vélos et les autos au garage.

De *Fraize* au *Lac Blanc* (voir promenades nºs 10 et 11).

Du *Lac Blanc* on peut atteindre *Orbey* en passant par le *Blanc-Rupt* et le *Creux d'Argent*. La promenade est intéressante, mais il est préférable de passer par le *Lac Noir* (950 m. d'altitude), ce dernier itinéraire est plus long, mais combien plus pittoresque.

Au Lac Noir.

Du *Lac Blanc* au *Lac Noir*, 1 heure de marche. Prendre le chemin de la digue à gauche de l'hôtel. On arrive d'abord au déversoir du lac ; après 5 minutes de marche on trouve un sentier à gauche qui conduit à la Cascade (Voir un écriteau : *Wasserfall* et promenade nº 10). On continue toujours la route tracée au milieu des rochers et qui traverse une magnifique forêt de sapins. (Voir à droite une *tourbière*, le Trockener-See, provenant d'un ancien étang desséché).

« Le *lac Noir* présente un aspect sauvage et sévère ; il occupe comme le lac Blanc le fond d'un cirque élevé, il est entouré de montagnes abruptes, couvertes de sombres sapins. Il doit précisément son nom à la couleur des arbres qui bordent ses rives.

Transparente, la nappe du lac Noir le paraît surtout à certaine heure du matin, par ces belles journées, avant le lever du soleil, alors qu'aucune brise ne souffle. La brise se lève avec le soleil, aspirée par les montagnes. Si vous arrivez à l'heure due, sans crainte de fatigue, le lac vous offre une scène ravissante de beauté. Pas la moindre ride à la surface de l'eau ; pas un bruit dans l'air. Rien ne détourne l'attention, si ce n'est le mugissement discret de la cascade, ou le chant des oiseaux. Encore les oiseaux sont-ils rares et la cascade se tait souvent. Tout demeure tranquille sur la rive du lac ; le regard plonge dans ses profondeurs sans pouvoir les mesurer. L'image des objets environnants se reflète dans son miroir avec une pureté de tons, une netteté admirables. Montagnes, rochers, forêts, ciel, verdure, se montrent à la fois dans l'onde et au-dessus de l'onde, comme s'ils étaient dédoublés. Quel magnifique tableau ! surtout quelle sérénité et quel calme ! » Grad.

Un hôtel confortable a été construit il y a peu d'années, au bord même du lac, on peut s'y rafraîchir, y apaiser sa faim et s'y reposer en contemplant la belle nature.

Les eaux du lac ont été endiguées à grands frais, un barrage épais et large les empêche de se perdre à travers les rochers. Une écluse règle l'écoulement des eaux qui sont utilisées pour donner la force motrice aux diverses usines de la vallée.

Le lac a une superficie de 14 ha et une profondeur de 30 m. (Du Lac Noir aux Trois-Épis par le Hohnack, voir plus loin 3e itinéraire).

Le sentier qui doit nous conduire à *Orbey* en une heure glisse à travers les rochers, au milieu d'une majestueuse sapinière.

Le Torrent du *Noir Rupt* est là qui gronde au pied du voyageur. Parfois il se perd dans les anfractuosités des roches pour reparaître à quelque distance, plus impétueux et plus écumant. La promenade est ravissante de pittoresque et de variété.

Au sortir de la forêt, nous arrivons à *Pairis*. On y a construit d'élégants hôtels où rien n'a été ménagé pour retenir les touristes.

Voici l'*ancienne abbaye de Cisterciens*, fondée au XIIe siècle. Elle eut beaucoup à souffrir des Anglais en 1353 et des Armagnacs en 1444. Quelques années plus tard, elle fut incendiée puis reconstruite. Le monastère fut ensuite pillé par les Rustauds en 1525. Le couvent fut encore pillé pendant la guerre de Trente Ans et la Révolution française le supprima. Dans ce qui a été sauvé on a construit en 1855, un hôpital qui a de nouveau été incendié au mois d'août 1910 ; on le reconstruit actuellement.

De *Pairis* à *Orbey*, 1/2 heure, continuer la route. D'*Orbey* (1) aux *Trois-Épis* (voir le premier itinéraire de cette promenade) (2).

TROISIÈME ITINÉRAIRE

Il existe un 3e itinéraire très intéressant pour se rendre aux *Trois-Épis par les hauteurs.*

On peut à volonté partir du *Sultzeren-Ecke* (voir promenade n° 15) ou du *Lac Noir* (itinéraires 10, 11 et 15). Les deux chemins se réunissent non loin des *Hautes-Huttes*. La promenade se continue en passant par le *Col du Wettstein* où l'on trouve la route d'Orbey à Sultzeren ; suivre ensuite *le Combe, le grand Hohnack* et *Giragoutte*. Le sentier est toujours bien jalonné. Le trajet est un peu long, mais très pittoresque. (4 heures des lacs aux Trois-Epis).

(1) Orbey est la patrie de Mathias Ringmann, membre du « Gymnase vosgien », association de savants fondée à Saint-Dié par Vautrin Lud, chapelain de René II, duc de Lorraine). Il créa en 1507 une imprimerie dont les ateliers furent installés place Pierre Hardie, aujourd'hui place Jules Ferry. Mathias Ringmann s'occupait d'éditions d'ouvrages ; il entreprit la reproduction du célèbre traité géographique de Ptolémée. Dans l'introduction de cette cosmographie, il fut question pour la première fois du Nouveau Monde découvert en 1492 par Christophe Colomb. Ignorant les voyages du navigateur génois entré au service de l'Espagne, mais, ayant eu entre les mains la relation de ceux entrepris par Améric Vespuce, Ringmann crut, de très bonne foi que c'était à ce dernier que revenait l'honneur d'avoir, le premier, découvert l'Amérique. Et il écrivit dans la Cosmographie éditée à Saint-Dié en 1507 : « Il y a une quatrième partie du monde qu'Améric Vespuce a découverte et que pour cette raison nous pourrions dénommer América, c'est-à-dire terre d'Amérique... Dès lors, nous ne voyons pas pourquoi on ne donnerait pas à ces terres le nom de l'homme de génie, Améric, qui les a découvertes. L'Europe et l'Asie ont bien pris des noms de femmes... » Voilà comment la ville de Saint-Dié est devenue « la marraine » de l'Amérique.

(2) D'*Orbey*, on peut revenir à *Fraize* sans aller aux *Trois-Épis*, en passant par *Hachimette*, *La Poutroye* et *le Bonhomme*.

PROMENADE N° 14

De Fraize à Colmar

(40 km). *Une grande journée*

La Course peut s'effectuer à *bicyclette et en auto.*

De *Fraize au Bonhomme* 16 km.

Pour arriver au *Col du Bonhomme*, voir les différents itinéraires tracés dans la promenade n° 7. Arrivé au Col, le touriste peut choisir entre deux chemins et un sentier. Pour les piétons, c'est la route de gauche qu'il faut suivre, c'est la plus ancienne, elle est très praticable et assez courte. Elle ne tarde pas à sortir de la forêt et offre aux regards de magnifiques points de vue sur le *Col des Bagenelles*, le *Bressoir*, la *tête des Faux* et les *montagnes d'Orbey*. A mi-côte se trouvent *une auberge* et *une petite chapelle* probablement dédiée à saint Dié.

La nouvelle route est meilleure, mais elle est plus longue (6 km du col au Bonhomme). Elles se rejoignent toutes deux à l'entrée du village.

Quant au sentier du Rein des Genets ou Genièvres, il commence au Col, entre les deux routes, descend à pic et rejoint le nouveau chemin dans la vallée, en dessous du *Fer à Cheval*.

Fraize. Avenue de la Gare.

A cet endroit, diverses sociétés ont pratiqué des sondages dans le sol avec l'espoir de découvrir une mine de houille, mais les résultats n'ont pas été satisfaisants.

Le *Bonhomme* (en allemand *Diedolshausen*), 1.100 habitants, doit son nom à *saint Déodat* ou *saint Dié*, qui allait quelquefois visiter les fermiers de ce pays. Il leur donnait des remèdes pour guérir leurs maladies, les aidait souvent dans leur pauvreté ; le saint reçut alors le nom de « Bon homme ». Quand on voulait désigner ce pays, on l'appelait le « village du Bonhomme » et le nom lui est resté depuis.

Le bourg est situé au milieu des montagnes, sur *la Béchine*, petit affluent de *la Weiss*, sous-affluent de la Fecht, de l'Ill et du Rhin. C'est un village très propre et très coquet, qui possède plusieurs hôtels confortables. On dirait une petite ville de la Suisse.

Les ruines du *château de Judenbourg* ou *Gutenbourg* sont à 1/4 d'heure de distance du village, à gauche. Il ne reste plus du castel qu'un pan de mur qui s'élève fièrement sur un rocher qu'on aperçoit de très loin. Il a été construit vers 1160, il appartenait aux comtes de Ferrette, puis aux

Habsbourg et géré par les seigneurs de Ribeauvillé. Il a dû être abandonné au XVIIe siècle.

En 1828, le roi de France *Charles X*, venant de Strasbourg, passa par ici et fut reçu avec enthousiasme par les habitants réjouis de cet événement extraordinaire.
(Voir promenade n° 7).

Du *Bonhomme* on fait plusieurs excursions intéressantes dans les montagnes pittoresques environnantes ; on se rend au *Bressoir* en 1 heure 1/2, au *Pré de Raves* en 1 heure 1/2 ; à *Sainte-Marie-aux-Mines* en 2 heures ; au *Lac Blanc* en 1 heure 1/2, au *Lac Noir* en 2 heures et à la *Schlucht* en 4 heures.

Toutes ces courses produisent une impression profonde ; on est surpris et ravi de la magnificence de ces montagnes solitaires et grandioses.

Du *Bonhomme* à *La Poutroye (Schnierlach)* 1 heure. Un courrier fait le trajet plusieurs fois par jour. Avant d'entrer au village, on aperçoit le *cône de Faudé*, surmonté d'une tour (773 mèt. d'altitude). Cette élévation se trouve au confluent de la Weiss et de la Béchine. Du sommet, vue sur les deux vallées avec superbe encadrement de montagnes

Du sommet de *Faudé* le coup d'œil est joli. Les pâturages et les métairies montent jusqu'à 1.000 mètres d'altitude et entourent les villages de *Fréland*, *Hachimette*, la *Baroche*, *Orbey*, la *Poutroye*, le *Bonhomme*, etc.

La Poutroye, joli chef-lieu de canton (2.200 hab.), possède plusieurs usines, des moulins, son kirsch est très renommé. Traverser le bourg en entier. à l'extrémité se trouve la station du tramway qui doit nous conduire à Colmar. A droite et à gauche, sur le flanc des hauteurs s'élèvent de riches métairies aux toits d'ardoises, perdues dans la verdure au milieu des arbres fruitiers.

On traverse *Hachimette* (Eschelmer), ensuite, on aperçoit à gauche la colline au fond de laquelle se trouve *Fréland* (*Urbach*). Avant d'arriver à Kaysersberg, on voit les importantes cartonneries de MM. *Weibel* dont une partie se trouve sur l'ancien couvent d'*Alspach*.

On peut visiter à peu de frais *Kaysersberg* (2 700 hab.), vieille ville, une des plus intéressantes de l'Alsace, tours, fortifications, château en ruines, belle église, monuments antiques.

Au moyen-âge, le château de Kaysersberg défendait la route qui va en Lorraine par le Col du Bonhomme. Le château date de 1227, ses ruines sont encore très importantes.

Kienzheim est au milieu du vignoble ; de là, on peut se rendre à *Riquewihr* et à *Ribeauvillé*.
Ensuite station de *Sigolsheim*.

Ammerschwir ou *Ammerschweier*, 1.750 habitants, est la station où les touristes peuvent descendre pour visiter *les Trois-Epis*. Vieilles maisons, anciennes fortifications bien conservées.

On se trouve au milieu de la riche plaine d'Alsace, véritable jardin qui fournit en abondance des céréales, du houblon, du tabac, des légumes, des fruits ; les coteaux sont couverts de vignes qui donnent un vin généreux ; les montagnes sont couronnées de hautes forêts et sont remplies de tous les charmes de la nature

On passe les stations de *Katzental* (ruines pittoresques), *Ingersheim*, le tramway traverse tout le village, dans la rue principale, longe les maisons, ensuite *Logelbach*, faubourg industriel de Colmar.

Colmar (45.000 hab.), ville arrosée par la *Lauch* et le *Logelbach*, canal dérivé de la Fecht, est située au milieu des vignes, dans la riche plaine d'Alsace. Elle est curieuse par ses beaux monuments qui prouvent le goût artistique de ses habitants. Signalons l'église Saint-Martin ou la cathédrale, le temple, la synagogue, les hôpitaux, le palais de justice, l'hôtel de ville, le théâtre, la préfecture, la musée des Unterlinden qui renferme des collections artistiques et scientifiques d'une grande valeur ; l'hôtel des postes et la nouvelle gare sont de création récente. Colmar est la patrie de *Bruat*, de *Rapp*, *de Pfeffel*, de *Bartholdi*, dont les statues sont érigées sur les plus belles places ; la ville est entourée d'avenues magnifiques, la plus remarquable est le *Champ de Mars*.

L'histoire de cette ville est peu connue. Ses fortifications arrêtèrent Charles le Téméraire, duc de Bourgogne en 1447, elle devint française en 1634 et Louis XIV la fit démanteler en 1673.

Nous quittons Colmar à regret pour rentrer à Fraize, emportant de notre voyage le meilleur souvenir.

PROMENADE N° 15

Fraize, le Lac Blanc, le Lac Noir, les Hautes-Chaumes, le Lac Vert, le Tanet, la Schlucht, le Hohneck, retour par le Valtin.

1 grande journée

'EST une des plus longues courses à faire dans les environs de Fraize. Il faut en grande partie accomplir le trajet à pied, mais c'est la promenade classique, le clou des excursions dans le pays. Il ne faut pas être trop chiche de son temps afin de pouvoir se reposer quelques minutes aux endroits les plus pittoresques. Les estomacs délicats peuvent emporter des provisions, car sur les Hautes-Chaumes on marche pendant 3 heures 1/2 sans trouver une seule habitation.

Partir de *Fraize* de bon matin pour éviter la trop grande chaleur qui rendrait la montée du Lac Blanc plus pénible.

De *Fraize* au *Lac Blanc*, consulter les itinéraires n°s 10 et 11.

Si le touriste ne veut pas s'arrêter à *l'Hôtel du Lac*, il peut arriver directement, en partant du *Luschbach* sur les rochers qui dominent le site. Deux sentiers y conduisent (Promenade n° 10).

Près de l'*Hôtel* se trouve un *observatoire météorologique*. On monte en biais par le sentier de droite, longeant le Lac jusqu'au sommet (20 minutes de marche) où l'on retrouve la frontière (borne n° 2770), à côté d'un poteau indicateur (altitude 1.237 m.).

Pour rendre la promenade plus attrayante encore, le visiteur peut aller au « *Seekanzel ou Belvédère* ». (Itinéraire n° 10). Dans ce cas, quitter le *sentier de l'Hôtel* après 1/4 d'heure de marche pour en suivre un second à gauche qui passe par la *Source du Lac*, il va droit au *Belvédère* en passant à travers les roches. Pour regagner les *Hautes-Chaumes* sans retourner sur ses pas, il faut s'engager dans le chemin forestier qui traverse une plantation de jeunes pins (1/4 d'heure). A la sortie des pins, continuer à gauche : des écriteaux indiquent le chemin (direction Sud).

Si l'on vient directement de l'*Hôtel du Lac*, on atteint les *Hautes-Chaumes* à la borne n° 2.770.

De là, le touriste embrasse un immense horizon, il jouit d'une vue magnifique sur la *France* et *l'Alsace*, il domine le *grand et le petit Donon*, le *Champ du Feu et sa tour*, le *Climont*, facilement reconnaissable à sa forme trapézoïdale, le *Bressoir*, la *tête des Faux*, l'*Immerlinskopf*, le *Hohneck*, les *montagnes de la ville de Saint-Dié*, les *hauteurs de Gérardmer*, de *Remiremont*, de *Munster*, la *Forêt Noire*, le *Jura*, les *Alpes* même et à l'ouest *toute la Lorraine*, les *côtes de Sion*, *d'Essey*, jusqu'à *la Meuse*.

Au premier plan ce sont les collines de *Fraize*, les *deux roches de Clefcy et Sèrichamp*.

Le lac Blanc est dans le fond.

« Des escarpements sourcilleux l'étreignent, déchiquetés comme certaines crêtes des Alpes. Sur ses deux faces, au sud et à l'ouest ces escarpements s'élèvent de 100 à 150 mètres au-dessus de la surface de l'eau, tandis que l'autre bord la domine encore de 80 mètres ».

A partir d'ici, nous sommes sur les *Hautes-Chaumes*, que nous suivrons avec des montées et des descentes jusqu'à la *Schlucht* (10 km.), par un sentier bien tracé suivant la ligne frontière.

Les *Hautes-Chaumes* forment un vaste plateau en partie couvert par des pâturages et des tourbières ; large de 1 à 2 klm. tombant à pic à l'est vers les *lacs Blanc*, *Noir* et *Daren*, dans les vallées de la *Weiss* et de *Munster*, et à l'ouest s'étendant en pente plus douce vers la *vallée de la Meurthe*. Les troupeaux séjournent sur les chaumes pendant une grande partie de l'année, broutant les plantes fourragères et se reposant la nuit en plein air sur le gazon.

LES HAUTES-CHAUMES

Empruntons à l'ouvrage de *M. P. Boyé*, intitulé « *Les Hautes-Chaumes des Vosges* » cette magnifique description du pays :

« Une des particularités les plus caractéristiques des *Hautes-Vosges*, c'est la dénudation de leurs sommets. Les principales cimes du massif émergent au-dessus de la zone forestière, recouvertes d'une végétation herbacée dont l'uniformité, la teinte plus pâle, contrastent avec la houle des hêtres et la note sombre des sapins. Sur ces plateaux, ces coupoles, ces crêtes, croît, en monotones étendues, un gazon dru et savoureux, arrosé par des sources vives.

Ces vastes pelouses, véritables alpages des Vosges, sont *les chaumes*.

Chaque année, vers la saint Urbain, — le 25 mai — rarement plus tôt, une tribu de pasteurs, *les marcaires*, quittant les hautes vallées de Lorraine et d'Alsace, se met en marche avec de nombreux troupeaux pour ces régions solitaires. Là, ces hommes prennent possession de modestes chalets. Vivant presque exclusivement de laitage et de pommes de terre, ils partagent leur temps entre la surveillance du bétail de choix confié à leurs soins et la fabrication des fromages. Tout le jour, parmi les plantes aromatiques qui communiquent au lait leur parfum, les vaches, en liberté, errent sur la montagne. La nuit, c'est souvent en plein air, sur ces mêmes herbages, qu'elles reposent. Quatre mois de ce régime, et déjà il faut songer au retour. Voici les brumes, le froid. La saint Michel, — 29 septembre — marque d'ordinaire la date du départ. Pour le commencement d'octobre, la plupart des chaumes sont désertes. A la chanson du gardien, au sonore mugissement des vaches, au gai tintement des clochettes, succède un morne silence. Les forêts qui descendent en gradins vers l'ouest, les escarpements qui surplombent la plaine alsacienne, isoleront bientôt du reste du monde les pâturages recouverts de leur blanc linceul. A peine si, de temps à autre, un contrebandier, confiant à la rude nature le succès de son entreprise, quelque montagnard qui, au péril peut-être de sa vie, abrège une longue route, vont s'aventurer sur ces espaces.

Les Hautes-Chaumes des Vosges.

Depuis que, à la belle saison, naturalistes et promeneurs se donnent à l'envi rendez-vous au faite des Vosges, les chaumes ont été le sujet d'agréables ou d'instructives descriptions. On a célébré la bonté du gazon, la pureté de l'air, la beauté du site. Cette vue merveilleuse vers le Rhin, offerte à l'œil ravi, a émerveillé l'enthousiasme du poète. Le botaniste qui n'y compte plus ses trouvailles, a vanté la variété, l'éclat d'une flore tout alpestre. On a dit les mœurs simples, le continuel labeur du pâtre de ces sommets, lui dont le type, naguère, semblait ne s'être pas modifié au cours des âges. Certains, enfin, sont venus sur les chaumes chercher et noter des impressions d'un autre ordre ; comme ses ancêtres d'il y a deux siècles, le marcaire d'aujourd'hui ne garde-t-il pas ses troupeaux, assis sur les bornes d'une frontière d'État ! »

Après avoir marché 15 minutes environ on trouve sur les Hautes-Chaumes un chemin forestier au milieu d'une plantation de pins. Il conduit au *Seekanzel* (voir plus haut).

Suivre toujours la direction Sud.

Près la borne 2775, à gauche, on longe la lisière ; au-dessus de celle-ci, se trouve une *hutte-abri* avec vue sur le lac Noir. Vers la borne 2777, on trouve un chemin de charrois qui mène dans la *vallée de Munster*. (*2 heures de Sultzeren*).

A côté de la borne 2779 est un poteau indiquant « *Sultzeren Ecke* » (*col de Sultzeren,* altitude 1302 m.).

Au Sultzeren-Ecke prend un sentier qui va aux Trois-Epis par les hauteurs (3e itinéraire, promenade no 13).

Un peu plus loin, borne 2782, *rocher du gazon du Faing ;* qui surplombe le petit lac dit « *Lac tout Blanc* » (*Lenzenwasen*) ou *Etang des truites.* C'est le plus haut lac des Vosges (1061 m. d'altitude), avec deux hectares d'étendue et 10 mèt. de profondeur. Il sert à présent de réservoir. Dans la même dépression, à 90 mèt. plus haut se trouvent *deux autres petits lacs-cuvettes* sans communication ensemble, complètement réduits en marais.

A la borne 2784, du haut du rocher, on aperçoit le bout du *lac de Gérardmer,* vers le sud-ouest. A la borne 2786, *gazon du Faîte,* à 1301 mèt. d'altitude.

« Avec un peu d'attention, on ne risque pas de s'égarer et l'on peut marcher pendant des heures sans rencontrer une âme vivante, l'imagination favorisée par la solitude vous transporte alors dans les régions supérieures de la fantaisie. A tous moments, on jouit de charmantes échappées et de superbes points de vue, pareils à celui des lacs ; d'un côté on voit le sol allemand, de l'autre le territoire français, et la nature les entoure d'une paix profonde. » *Ehrenberg.*

Suivre toujours la direction de la frontière, le paysage devient de plus en plus agreste. Près de la borne 2790, faire quelques pas à gauche à travers une forêt de hêtres de basse futaie (1) on aperçoit dans une cuvette profonde le *lac de Daren, ou de Sultzeren ou Lac Vert,* 1044 mèt. d'altitude ; il est endigué et sert de réservoir.

« Le lac de Soultzeren est un lac naturel d'une profondeur de 17 mèt. et d'une surface de 8 Ha 2. Billing, dans son histoire sur l'Alsace, nous conte un curieux phénomène observé dans les eaux du lac. De la St-Jean à la St-Jacques (24 juin au 25 juillet) les eaux deviennent verdâtres et s'épaississent sérieusement ; après les chaleurs, l'eau reprend sa clarté. Les bestiaux y viennent de préférence se désaltérer à ses eaux. Kirschléger, dans sa flore d'Alsace, met ce phénomène sur le compte des plantes aquatiques du lac. »

(Vers les Hautes-Vosges, page 49).

Il tire son nom des nombreuses plantes aquatiques qui nagent à sa surface et donnent à ses eaux leur teinte verdâtre.

On arrive bientôt au *Gazon de Faîte ou Gazon Martin,* 1302 mèt. le point le plus élevé des Vosges au Nord de la Schlucht, puis à la *roche du Tanet* 1292 mèt. Belle vue en arrière sur le *lac de Daren.*

Ce rocher est formé d'un amas de blocs éboulés sous l'action de la foudre, de la gelée et des intempéries ; vue magnifique à l'ouest sur *Sérichamp* et la vallée de la *Meurthe,* sur la *Weiss, Orbey, la Baroche* et enfin sur *Munster* et le val de la *Fecht.*

On se trouve au point culminant des Hautes-Chaumes. Chaque année, les touristes, visitant en Juin le Tanet, le massif du lac Blanc, ou le Hohneck peuvent, si l'été n'a pas été trop chaud, trouver encore dans les creux à l'entrée des couloirs, *des masses importantes de neige grenue ou de névé.* Souvent l'accumulation est assez considérable pour qu'on ait pu lui donner le nom de *glacier temporaire.*

« Les tourmentes, les tempêtes de neige ne sévissent que trop souvent sur ces hauteurs et avec une extrême violence. Une inscription sur *la pierre de Jean et Marie* en fait foi. Cette pierre a été dressée sur la ligne de faîte, *au bord du chemin de Sultzeren au Valtin,* près du Tanet, à la mémoire de deux enfants, frère et sœur, surpris et ensevelis ensemble par un ouragan de neige en *1844.* Pauvres petits ! nul ne passe par là sans leur donner un souvenir de compassion. Plus d'un homme aussi a péri dans la neige, sur le même passage, en faisant la contrebande du tabac ou de l'eau-de-vie. » *Grad.*

Devant nous s'étendent, en pentes douces, d'immenses *pâturages* où croissent, parmi de courtes *graminées,* la charmante *Pensée des Vosges,* avec ses nuances passant du jaune pâle au violet le plus foncé, *l'anémone des Alpes,* qui n'attend pour se dresser vers le ciel que la disparition de la neige, et qui, en

(1) Une *hutte-abri* a été construite à droite, à l'entrée du petit bois par le C.P.C.F. qui a également découvert une *source* à proximité.

maint endroit déjà, a transformé sa corolle blanche en un assemblage de pointes molles et cotonneuses ; des *touffes de bruyères* et de *myrtilles*, entremêlées de *mousses* et de *lichens* qui s'accumulent avec les années, les sentiers sont tracés de temps immémoriaux par les pas des troupeaux et des métayers. »
Bleicher.

La taille des sapins s'abaisse, sa forme devient plus conique, ses branches s'accroissent en nombre et en étendue, se chargent de mousses et de lichens qui rappellent *les barbes des gnomes* de nos contes populaires. » *Grad.*

« *L'Alouette des champs*, trompée par la vaste étendue de ces steppes, y a établi sa demeure et s'élance dans les airs pour y chanter sa pastorale ; des troupeaux de *soixante, quatre-vingts et parfois cent vaches*, dont la jeunesse turbulente est souvent assez malicieuse pour chercher noise au touriste qui la craint y montent chaque jour, jusque vers 4 heures du soir, puis redescendent au grand galop, jusqu'au chalet, pour être débarrassés du trop-plein qui les gêne ; parfois encore, mais rarement, un *lièvre* surgit à quelques mètres de vous et arpente rapidement le terrain en dressant ses oreilles. Les Hautes-Vosges ont aussi leur population attitrée *d'insectes* qui sont en harmonie intime avec leurs *bois rabougris*, leurs *pâturages* et leurs *escarpements.* » *Bleicher.*

Au *Tanet*, métairie importante pour la fabrication de ses fromages. Si le touriste veut jouir continuellement de la vue des Hautes-Chaumes, (nous le lui conseillons), il faut *toujours suivre la crête et laisser la ferme à droite.* Dans cette ferme il trouverait à se rafraîchir et, de là, il irait en 1 heure à la *Schlucht* par un bon chemin forestier.

De la ferme du Tanet, un chemin forestier conduit au Rudlin ou au Valtin en passant par Belirre.

Les *fromages* que l'on fabrique au *Tanet* ainsi que sur les *Chaumes* en général sont très renommés ; ils sont expédiés au loin sous les noms de « *Munster* ou de *Vachelin* ». Les gens qui se livrent à cette industrie sont appelés *marcaires*, (en allemand *melker, trayeur*).

« L'effet de la solitude sur la *nature des montagnards*, partout la même, les rend sobres de paroles, et moins ils voient de monde, moins ils sont expansifs. Entrez dans un de ces chalets noircis par l'humidité et la fumée, le métayer répondra poliment, mais sans se déranger à votre salut Si vous gardez le silence il continuera sa besogne sans paraître s'apercevoir de votre présence et sans manifester le moindre désir de savoir qui vous êtes, d'où vous venez, et quel est le but de votre visite; au demeurant excellent homme, mais avant qu'il ne tienne entre ses mains la gamelle de lait que vous lui avez demandée, vous ne saurez pas s'il a compris votre désir et encore moins s'il se trouve disposé à vous l'accorder. »

Ce portrait de nos montagnards est exagéré ; aujourd'hui, ils sont tous bien complaisants et toujours prêts à rendre service aux touristes.

N'oublions pas que cette région des Hautes-Chaumes, du Lac Blanc à la Schlucht est devenue depuis quelques années un véritable centre de tourisme hivernal.

Les amateurs de ski s'y donnent fréquemment rendez-vous quand le sol est recouvert d'un épais tapis de neige.

La Société des skieurs de la Haute-Meurthe, le Club alpin français et le Touring-Club de France ont fait construire en 1911 un refuge près de la ferme du Tanet. Les clefs de cet abri sont déposées chez M. Bluche, industriel, place de la Gare à Fraize, à l'hôtel Petitdemange au Rudlin et chez M. Noël, maire au Valtin.

A la *borne* 2801 on aperçoit l'*Altenberg*, et de la *borne* 2805 on a une *jolie vue sur Munster*.

Depuis la *roche du Tanet* on descend une pente assez raide ; dans l'encaissement on trouve le *chemin conduisant de Munster au Valtin*.

A la *borne* 2808 apparaissent *le grand et le petit Wurzelstein* qui se dressent sur le rebord des pâturages.

Le *Grand Wurzelstein*, appelé aussi *Haut-Fourneau* par les montagnards lorrains, s'élève comme une cheminée gigantesque au-dessus du niveau des chaumes. La tête de ce monolithe, que la foudre accable souvent de ses coups, comme attirée par la pointe d'un paratonnerre, présente maintes fissures. La tradition veut que les *sorcières de la vallée* s'y donnent rendez-vous, certaines nuits comme au *Hohneck* Elles y viennent, disent les pâtres, le mercredi et le vendredi de chaque semaine, chevauchant à travers l'espace sur leurs manches à balai. *Satan* est là en personne pour les attendre à l'heure de minuit, après avoir transformé d'un coup d'œil magique la plate-forme du rocher en une immense salle de fête. Après l'orgie, sorcières et démons dansent des rondes, qui se prolongent jusqu'à l'aube annoncée dans la montagne par le chant du coq.

Bien des fois, la nuit, quand le vent murmure, hurle et siffle là-haut, les montagnards croient entendre des répétitions de ces scènes diaboliques.

La tradition raconte aussi qu'autrefois, alors qu'une vaste mer s'étendait à la place de la plaine d'Alsace, il y avait contre la paroi des escarpements, des *anneaux* servant à attacher les navires qui voguaient sur cette mer intérieure. Au dire de quelques montagnards, il reste encore de ces anneaux.

Il y a aussi des *nains au Kerbholz*, près du *Wurzelstein*, ce sont les *amis des marcaires*. Après le départ des pâtres chrétiens, ils remplacent ceux-ci dans les *censes* abandonnées et y amènent leur bétail afin de se livrer à leur tour à la fabrication des fromages, ni plus ni moins que les gens baptisés. Leurs petites vaches laitières paissent des herbes aromatiques, dans des pâturages fabuleux, à l'abri des neiges jusqu'à la Saint-Georges, au printemps suivant, où il faut recéder la place aux marcaires ordinaires, pour la saison d'été pendant laquelle les nains se retirent dans les souterrains de la montagne. Depuis un temps immémorial, les censes à fromages du *Kerbholz* sont ainsi alternativement exploitées par les nains et par les hommes. Fort bons d'ailleurs, les nains descendent souvent la nuit dans la maison des pauvres gens et déposent sur la table une partie de leur provision de fromage pour la nourriture de la famille. » *Grad.*

C'est au *Wurzelstein* que fut tiré le *dernier bouquetin dans les Vosges en 1897.*

Au pied du *Haut-Fourneau* s'étend la cuvette marécageuse du *Missheimlé.*

A la *borne* 2815, poteau en fonte indiquant la direction du *Lac Blanc,* de *l'hôtel Altenberg* et de la *Schlucht.*

A la *borne* 2819, belle vue sur *Stosswihr, Sultzeren,* et la *vallée de Munster* que l'on aperçoit en entier.

Entre la *borne* 2826 *et* 2827, nouveau poteau en fonte indiquant :

	Distance :
Hôtel Altenberg . . .	1.820 m.
Lac de Daren ou Sultzeren sec	6.050 m.
Lac Noir	12.500 m.
Lac Blanc	14.550 m.
La Schlucht	460 m.

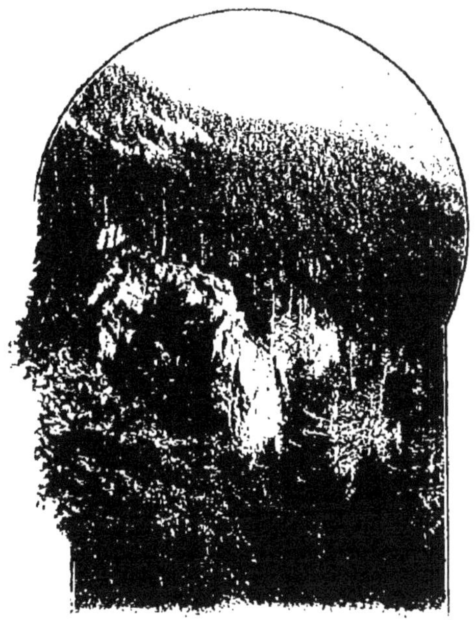

La Schlucht. Rochers du Kruppenfels.

Pour aller voir les beaux *rochers de Kruppenfels* qui surplombent la route de *Munster à la Schlucht,* il faut prendre le sentier un peu herbu près de la borne frontière 2826. (1/2 *heure de distance*). On a une vue magnifique sur le *Hohneck* qui se dresse en face, au sud.

A la *borne* 2829, il n'y a plus que 5 minutes avant d'arriver au col, 1139 mèt. d'altitude ; la descente est raide.

Bientôt le touriste aperçoit l'hôtel à travers les arbres, il est au *Col de la Schlucht* qui relie les vallées de *Saint-Dié,* de *Fraize* et de *Gérardmer* à celle de *Munster.*

Le *poteau-frontière* se trouve tout à côté de *l'Hôtel français.*

La *Schlucht* (1) est fréquentée dans la belle saison par de nombreuses familles, c'est une des stations d'été les plus fréquentées, un lieu de repos très agréable, les promenades y sont charmantes.

La *Schlucht* est pour les Vosges ce qu'est le Righi pour la Suisse ; cette région alpestre a l'avantage de posséder de bons hôtels, confortablement installés.

Des *tramways électriques et à crémaillère* assurent un service régulier pendant la belle saison entre *Gérardmer,* la *Schlucht* et *Munster,* avec embranchement jusqu'au *Hohneck.*

La route qui passe devant l'hôtel n'existe que depuis 1840. Avant, les *schlitteurs* et les *contrebandiers* passaient seuls dans cette contrée si fréquentée de nos jours. La partie alsacienne de cette route a été construite par les frères *Hartmann,* industriels à Munster, qui possédaient d'importantes forêts dans la région. De la Schlucht à Gérardmer, le chemin ne fut entrepris qu'en 1858, à la suite d'une visite de

(1) *Schlucht* en allemand signifie gorge, ravin, le mot est fort bien choisi.

Napoléon III dans les Vosges. Il fallut, dit-on, *3000 kilg. de poudre de mine* pour faire sauter les roches.

A côté de l'*Hôtel français*, en face et sur le territoire allemand se trouve un autre restaurant, puis à quelques mètres plus bas le *chalet Hartmann*, construit sur le bord du *gouffre de Munster*.

« Après un moment de repos à l'*hôtel de la Schlucht*, tous les promeneurs s'empressent d'aller visiter la galerie creusée dans les *rochers de Kruppenfels*, sur le versant alsacien. Ce rocher a 90 m. de hauteur au-dessus de la route. Le *tunnel* a une longueur de 18 mèt., 6 mèt. de largeur et autant de hauteur. Quand on s'avance au delà du tunnel, jusqu'au point où la route commence son premier circuit, le cœur se serre d'effroi en contemplant la profondeur du ravin qu'on a sous les yeux. Protégé contre les suites mortelles qu'occasionneraient le vertige et une chute dans le précipice, par une haute banquette de granit, on mesure d'un coup d'œil le travail de géants entrepris et mené à bonne fin par *MM. Hartmann*. D'un côté le précipice avec ses éboulements, de l'autre des pics de granit perpendiculaires d'où se détachent souvent des blocs énormes. On ne peut se lasser d'admirer la hardiesse d'une pareille voie et le panorama qui se déploient sous les yeux. En face le *Hohneck*, avec ses *chaumes*, ses *chalets*, ses *troupeaux*, ses *escarpements titanesques*, où la neige séjourne jusqu'en juillet, la belle *vallée de la Fecht*, dont les habitants étaient déjà en continuelles relations avec ceux de Gérardmer au XVIe siècle. Plus loin la petite ville de *Munster* avec ses vastes bâtiments industriels, et au delà la riche et plantureuse *plaine du Rhin*. Plus loin le grand fleuve se dessine comme une ligne blanche à l'horizon, au pied des montagnes de la *Forêt Noire*. La vue embrasse des villes et des villages dont la blancheur contraste avec le ton rembruni des champs. Au loin la nature animée et tous les caractères de la plus vivante civilisation et, tout près, le désert, la stérilité, le silence. Mais à tous ces sujets de réflexions, d'admiration, d'étonnement, s'ajoute maintenant un sentiment qui domine tout, qui oppresse le cœur. *Cette immense plaine au milieu de laquelle le Rhin se déroule si majestueusement, cette plaine si riante, paraît à présent couverte d'un voile de deuil..... Ce n'est plus la France !* » X. Thiriat.

Tunnel de la Schlucht. Roches d'Altenberg.

Continuer *la route de Munster* 10 minutes environ après le tunnel pour arriver à l'*hôtel Altenberg*, magnifique construction située sur un plateau d'où l'on jouit d'une vue splendide sur la *vallée de Munster*.

En continuant cette route, on irait à *Munster* (18 km.).

« La *nouvelle ligne électrique de tramways* part de *Retournemer* (altitude 780 m.), suit dans la forêt, avec une pente maximum de 8 centimètres par mètre, le chemin de voiture ; après un magnifique lacet, elle traverse une tranchée rocheuse de 11 m. de hauteur et arrive à la route des *Feignes-sous-Vologne*. Elle continue à s'élever sur les pentes boisées avec quelques éclaircies sur la vallée des lacs, puis elle arrive au *Collet* et à l'*embranchement du Hohneck — Source de la Meurthe*. La ligne descend ensuite légèrement pour arriver à *La Schlucht*, altitude 1139 mèt. *L'embranchement du Hohneck* se déroule sur une longueur de 2 km 800, à travers les chaumes, présentant au voyageur une vue magnifique sur toute la *Lorraine*, avec les lacs de *Retournemer* et de *Longemer* au premier plan. Il arrive jusqu'à la *frontière*, à la côte de 1338 m. au-dessus du niveau de la mer. »

(Livret-Guide du Syndicat d'Initiative des Vosges et de Nancy). De la

Schulcht au Hohneck en tramway : aller et retour 50 minutes, y compris 18 minutes d'arrêt au sommet.

A pied, il faut 2 heures aller et retour, il y a 5 km.

Prendre le *sentier en face l'Hôtel français,* suivre continuellement les bornes frontières, laisser à droite la *ferme de Montabey ou Montheheux.*

Ce sentier est jalonné par des poteaux du Club alpin français, il est toujours sur notre territoire.

A 10 minutes de la Schlucht, un sentier à gauche (voir l'écriteau) conduit au *belvédère de la Roche de la Source* d'où l'on voit un précipice affreux qui donne le vertige. S'il n'y avait pas de barrière en fer, on pourrait tomber d'une hauteur de 50 ou 60 mètres dans les ravins.

A mesure qu'on monte, la végétation est de plus en plus rabougrie. Avant la création des routes forestières qui existent aujourd'hui en grand nombre, on se servait des chemins de *schlitte* pour exploiter les coupes. Ces chemins sont maintenant plus rares et ne sont plus aussi longs. Ils sont formés de traverses régulièrement espacées, contre des piquets, ou fixés sur deux lignes de troncs d'arbres couchés à terre. Le chemin de schlitte a l'apparence d'une échelle sans fin ; Le *schlitteur* fabrique lui-même son traîneau.

« Ecoutez les trains de schlitte passer à la descente ! six, huit, dix traîneaux et plus se suivent à la file, chacun avec son propre conducteur sur le devant, les bras aux brancards. Un fort grincement les annonce au loin par ses notes stridentes. Une fois lancée sur la voie, la masse en mouvement tend naturellement à accélérer sa marche. Une sorte de lutte s'engage, dans ce cas, entre la charge qui descend et l'homme qui la dirige. Malheur au schlitteur si son genou fléchit, si son soulier glisse sur une traverse, s'il ne réussit plus à modérer la marche du traîneau. En moins de temps que je n'en mets pour vous le dire, le pauvre conducteur est renversé, son corps et ses membres sont broyés sous le poids de son chargement croulant. Quelques jours plus tard, une croix de bois, où viennent prier de pauvres enfants en larmes, marque au bout du chemin le lieu de l'accident. La statistique enregistre une victime de plus, puis des violettes et des campanules bleues fleurissent sur cette place, sous la croix qui reste pour les passants, comme signe d'un malheur

Grad.

Au *Hohneck* (1366 m,), l'air est vif et froid, la végétation n'est pas abondante, çà et là poussent quelques *hêtres* que le vent empêche de grandir ; la *gentiane* est une des principales plantes que nous trouvons.

Nous apercevons la *chaîne des Vosges* sur presque toute sa longueur ; du côté du nord nous voyons le *Donon* (1013 m.) ; entre le Hohneck et le Donon, les sommets ne sont pas bien accentués : du côté du sud, ils sont plus élevés. Tout au loin nous voyons le *Ballon d'Alsace* (1250 m.), qui est souvent couvert de neige ; le *Ballon de Servance* (1189 m.) qui est le point de jonction de la chaîne des Vosges et des Faucilles. Du côté de la France, *les ramifications des Vosges* s'étendent au loin ; dans ces contreforts, il y a encore des sommets assez élevés, et c'est un splendide panorama que de voir ce massif de montagnes, plus ou moins éloignées ; nous apercevons aussi les lacs de *Gérardmer et de Longemer.* Maintenant, tournons-nous du côté de l'*Alsace,* où la vue est plus belle ; les ramifications des Vosges sont plus escarpées que de l'autre côté : elles ne vont pas si loin. Nous voyons la fertile et industrielle vallée de *Manster,* en face le *Ballon de Guebwiller* (1426 m), le sommet le plus élevé de la chaîne des Vosges, qui se trouve tout entier sur le versant alsacien. Puis, tout au loin, le *Rhin* se déroule sous nos yeux comme un long ruban avec ses bords plantés de hauts peupliers : c'était notre frontière naturelle avant la malheureuse guerre de 1870.

Tout au sommet du Hohneck se trouvent *une table d'orientation* et le *poteau-frontière ;* un long fossé qui descend des flancs de la montagne marque la délimitation entre la France et l'Allemagne.

« Les principaux cours d'eau de la contrée, *la Meurthe, la Moselotte* et la *Vologne* sur le versant ouest, la *Fecht* et la *Thur* sur le versant est, naissent sur ses flancs pour couler dans les quatre directions de l'horizon. Son rôle dans les Vosges, au point de vue géographique, est analogue à celui du *Saint-Gothard* dans les Alpes. Quoique moins élevé que le Ballon de Guebwiller, le *Hohneck* a plus d'importance à raison de sa position centrale ». *Grad.*

Le Hohneck a aussi ses *légendes,* que les touristes pourront se faire raconter par les paysans des chaumes. La plus émouvante est celle du « *Charbonnier* », que *Xavier Thirial* rapporte dans un de ses ouvrages populaires :

« C'était en *1814,* en janvier, lors de *l'invasion des alliés.* Un détachement de *cosaques* pilla la cabane où vivait un pauvre charbonnier et tua sa mère et ses trois enfants. Il était absent, avec sa femme, lors de la catastrophe. En voyant à son retour, ces quatre cadavres, et la ruine de tout ce qu'il possédait, il voulut se venger et sauta sur son fusil « Ils sont vingt-deux, dit la femme, tu ne pourras en tuer qu'un, deux tout au plus ; laisse-moi faire, je les tuerai tous. Pendant que tu enterreras ma mère et mes enfants, je les vengerai. » Elle récolta dans un panier des légumes échappés au pillage, y joignit des *racines d'aconit* qu'elle alla cueillir dans les ravins du voisinage, et, se dirigeant vers le campement des cosaques, elle fit si bien, que tout en simulant une grande peur, elle fut arrêtée par eux et conduite au poste, où ils avaient allumé un grand feu et où on préparait à manger. Simulant une résignation parfaite à son sort de prisonnière, elle s'offrit comme cuisinière et versa dans la marmite ses légumes.

Après quelques heures de cuisson, elle servit elle-même la soupe aux soldats et s'esquiva ensuite. Le lendemain, au point du jour, elle conduisit son mari sur la montagne. Il y avait vingt-deux cadavres raidis par la gelée et gisant sur le sol !

Avec les armes et les munitions de ces soldats, le charbonnier et sa femme en embuscade dans la montagne, continuèrent à venger le meurtre commis par les cosaques. Avant la création de la route de la Schlucht, on montrait aux voyageurs un vieux sapin, qu'il a fallu abattre, et qu'on appelait le « *Livre du charbonnier* ». Chaque fois qu'il tuait un soldat ennemi, il avait soin d'entailler d'une large coche le tronc de cet arbre, et l'on en comptait *soixante-seize !* »

Une attraction des plus intéressantes, un des spectacles les plus grandioses, c'est de pouvoir assister sur le *Hohneck* à un lever du soleil. L'astre apparaît à l'horizon d'un rouge vif et envoie des buées multicolores, des rayons qui viennent mourir sur les sommets environnants. Au bout d'un quart d'heure, on ne peut plus le fixer, il apparait en entier, illuminant de ses feux l'immense plaine d'Alsace et les montagnes des Vosges.

Pour assister à ce spectacle et arriver à l'heure propice, il faudrait partir de Fraize pendant la nuit.

Il me revient à ce propos une aventure comique, survenue il y a une vingtaine d'années à plusieurs jeunes gens de Fraize qui voulaient assister au lever du soleil sur le Hohneck. Partis vers 9 heures du soir, nos excursionnistes pressèrent le pas afin d'être là au moment voulu. Ils arrivèrent à 1 heure du matin, bien longtemps avant que l'astre ne surgisse à l'horizon. Que faire en attendant sa venue ! Les gourdes furent vite débouchées et les gibecières installées sur le gazon. La promenade nocturne avait aiguisé la soif et ouvert l'appétit. Nos promeneurs « saucissonnèrent » avec joie, jetant de temps à autre un regard vers l'horizon sur lequel l'astre allait se lever, mais ils étaient comme sœur Anne, ils ne voyaient rien venir.

« Et si nous nous couchions un instant, dit l'un d'eux, la nuit est encore profonde, le soleil ne veut pas se montrer maintenant, nous pouvons dormir une heure ou deux, le premier debout réveillera les autres. »

La proposition fut acceptée avec joie... Un instant après toute la troupe était plongée dans les bras de Morphée, livrée à un sommeil profond provoqué par la fatigue du voyage, ne songeant plus au but qui les avait amenés au Hohneck à une heure aussi matinale...

Le premier qui se réveilla poussa un juron qui fit ouvrir les yeux à toute la caravane.

O ! déception, ô ! désenchantement ! Le soleil était bien haut dans le ciel, il n'avait pas attendu le réveil de ses admirateurs pour se montrer sur les hauteurs du Hohneck. Les montres marquaient exactement 6 heures !

Le retour fut moins joyeux que le départ, mais la mauvaise humeur se dissipa vite ; on rit fort de l'aventure et on revint achever agréablement le dimanche à la fête de Plainfaing.

. . . .

On peut prendre une collation au *Restaurant Bernez*, avant de revenir à *la Schlucht.*

Du Hohneck, le touriste peut descendre vers la vallée de Metzeral où il pourra prendre le train jusqu'à Munster et le tramway jusqu'à la Schucht ; promenade pittoresque et peu fatigante.

Pour rentrer à Fraize, laisser l'hôtel français à droite et prendre le *sentier de la section de topographie.* Il est continuellement en forêt (1 heure suffit pour la descente). Il débouche dans la riante vallée de la Haute-Meurthe à 800 m. environ au-dessus du *Valtin*. Pour gagner le village, on suit le ruisseau qui, à cet endroit ne manque pas de pittoresque.

Du *Valtin à Fraize*, 12 km. (voir itinéraire n° 16).

Nous rentrons à Fraize bien fatigués par une longue course à travers des sentiers rocailleux, souvent mal tracés, cependant nous conserverons un souvenir inoubliable de cette magnifique excursion.

Nota. — La promenade s'achèvera plus facilement si, avant de se mettre en route le matin, le touriste a pris soin de faire venir une voiture de Fraize pour le rechercher au Valtin.

De la *Schlucht*, le touriste peut rentrer par d'autres itinéraires :

1° Par *Retournemer*, *Gérardmer*, *Laveline-devant-Bruyères*, *Saint-Léonard* et *Fraize* en chemin de fer ;

2° Par *Retournemer*, *Longemer*, le *Surceneux*, *Straiture*, *Clefcy* et *Fraize* (itinéraire n° 18) ; soit en voiture, en auto ou en vélo ;

3° Par *Retournemer*, *Longemer*, *le Saut-des-Cuves*, *Martimpré*, *Gerbépal*, *Anould* et *Fraize* (promenade n° 21), accessible aux autos, aux vélos et aux voitures.

PROMENADE N° 16

Le Valtin — La Cascade du Rundstein — La Schlucht

17 km. (aller). Une journée

La promenade peut s'effectuer en auto et en vélo jusqu'au *Valtin* ; là, il faut descendre de machine.

De *Fraize* à la *Chapelle du Rudlin*, (consulter l'itinéraire n° 12) De la *Chapelle au Valtin*, 20 minutes de marche. continuer la route.

Le *Valtin* (305 habitants, *Télégraphe et Téléphone* ouverts au public), avec son cadre merveilleux de montagnes gigantesques et ses immenses sapinières est sans contredit la station idéale pour cure d'air et villégiature. Le promeneur y trouvera à satisfaire ses goûts ; depuis la simple promenade jusqu'à l'ascension pleine d'émotion et d'imprévu, toute la gamme des exercices hygiéniques qui entretiennent et rendent la santé s'offrent aux touristes.

Le *Valtin* est devenu une des premières places pour le *sport d'hiver ;* de nombreux *skieurs* s'y donnent rendez-vous quand la neige couvre la région de son épais manteau.

Le *Valtin possède de bons restaurants* (Restaurants Noël, Weisrock, etc.), on y mange bien et à peu de frais.

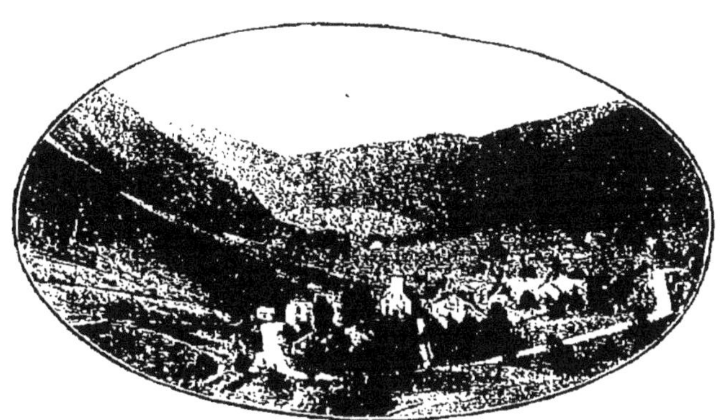

Le Valtin.

« Autrefois les femmes du Valtin ne faisaient jamais la lessive pendant la semaine sainte. Elles craignaient de laver un drap devant servir bientôt de linceul à une personne de la maison.

Ste Hélène (18 août) ferme les blessures et arrête les hémorragies, que ce soit veine coupée, veine tranchée ou veine arrêtée. Les gens blessés au Valtin récitaient les paroles suivantes à la madone, en plaçant sur la blessure ou le siège de l'hémorragie une pincée d'herbe fraichement apportée par une personne qui, après s'être dévotement agenouillée, l'a cueillie à tout hasard derrière elle, sans la regarder ni chercher à en connaître la nature :

« Herbe qui n'as été ni plantée ni semée,
Que Dieu a créée,
Arrête le sang et guéris la plaie ! »

« Pour voir en songe la personne que l'on doit épouser, il faut, le jour de la St André, dire cinq *Pater* et cinq *Ave* en l'honneur de ce grand saint, les mêmes prières en mémoire de la Passion et de la mort de Notre-Seigneur Jésus-Christ, les mêmes encore pour les âmes du Purgatoire, et ajouter :

André, Andréa
Fais-moi voir en mon dormage
Qui j'aurai en mariage. »

« Le Folk-Lore des Hautes-Vosges, par L.-F. Sauvé. »

Pour visiter la *cascade du Rundstein*, on quitte la route près du *restaurant Noël*, on prend à gauche le chemin qui suit la *vallée de la Combe*, au fond de laquelle tombe en grondant à travers les roches le petit ruisseau qui descend du col de la Schlucht.

Suivre cette route jusqu'à son entrée dans la forêt ; c'est là que nous pourrons admirer la superbe *cascade du Rundstein*.

Empruntons à *G. Flayeux*, la magnifique description du site :

« Cette chute est à peu près à égale distance entre le *col de la Schlucht* et le *Rudlin*, à 1 km du fond de la *vallée de la Meurthe* et à plusieurs centaines de mètres en contre-haut de celle-ci.

« Le *torrent du Tanet*, le plus beau et le plus original des ruisseaux, descend de la chaume et forme, en tombant dans *la Combe*, la récente et jolie cascade du Rundstein.

« *La chute du Rundstein* a été créée par *M. de Lesseux*, qui, à ses frais, fit opérer une légère déviation du *ruisseau du Tanet*. Ce ruisseau, qui jaillit au pied de la chaume du Tanet, venait rejoindre *la Combe* par le flanc de la montagne, sous bois. On a brusqué son cours en le débarrassant des rochers qui lui faisaient obstacle, et l'eau, au lieu de contourner le flanc de la montagne pour aboutir à la Combe, se précipite d'une hauteur de 20 mètres dans cette vallée, impatiente d'apporter à la Meurthe, le tribut de ses eaux écumantes.

« L'endroit d'où le torrent se précipite, et où son cours a été brusqué, s'appelle le *Rundstein*, (*pierre ronde*).

« La *cascade du Rundstein* est à 1.500 m. au Sud-Est du *Valtin* ; un sentier greffé sur le chemin de *la Schlucht* y conduit directement, la promenade est délicieuse ; le sentier s'enfonce en pleine sapinière et, à mesure que l'on s'approche, on entend, comme un tonnerre lointain, le bruit sourd de la chute.

« Au milieu des arbres, éclaboussés par les gouttelettes diamantines, l'onde, blanche comme de l'argent au-dessus d'un rocher, bondit en gerbes arrondies, puis semble se ramasser, se raidir pour tomber à pic.

« Cette nouvelle cascade ne date que de quelques années ; elle éclipse déjà son aînée, celle *du Rudlin*, qui doit passer au second plan. »

Le Valtin. Cascade du Rundstein.

Quand le touriste a suffisamment admiré cette pittoresque chute d'eau, il reprend le *sentier topographique* qui doit le conduire en une heure à *la Schlucht*.

« C'est le plus merveilleux des sentiers de montagne, écrit M. Ardouin-Dumazet : pente régulière et douce, large, bien aplani, traversant sur les ponceaux des ravins dont la tête est la crête frontière ; il est adorable de silence et l'on monte sans fatigue. Parfois, à une grande profondeur, on revoit l'étroit bassin de prés dans lesquels la *Meurthe* met un sillon d'argent.

« Comme ils sont innombrables et mystérieux, les torrents de la *vallée de la Combe* ! Combien descendent des *Chaumes*, coulent et, sournoisement, chantent sous bois, pour venir grossir la *Meurthe naissante*. »

Pour la description de la *Schlucht* et le retour, se reporter à l'itinéraire n° 15.

La construction d'une route reliant directement le Valtin à la Schlucht, par le Valtin ou la Combe, vient de recevoir l'approbation du ministère de la guerre.

PROMENADE N° 17

De Fraize à Sérichamp

Le sentier du Noyer

10 km (aller) 1 journée (aller et retour)

Comme toutes les excursions que l'on peut entreprendre aux environs de Fraize, la promenade de *Sérichamp* (1) offre une variété d'aspects qu'on ne saurait trop recommander aux touristes.

Elle n'est pas indiquée aux champions de la pédale ni aux chauffeurs, mais elle offre continuellement aux piétons des surprises agréables et des sites ravissants.

Sérichamp est un plateau situé exactement au sud de Fraize, à proximité du *Rudlin*, du *Vallin*, du *Grand-Vallin* et de *Ban-sur-Meurthe* ; c'est le point culminant des hauteurs qui séparent les deux bras de la Meurthe.

Partir de la *gare de Fraize*, suivre 100 mèt. environ la *route de Plainfaing*, prendre un petit chemin à droite qui conduit en 1/2 heure à *la Roche*. Le touriste pourrait être désenchanté tout d'abord, car la montée est quelque peu rapide, mais depuis *la Roche* la pente devient douce et le chemin est toujours bien entretenu jusqu'à *Sérichamp*.

Ici déjà le coup d'œil est joli on vient en effet de s'élever rapidement et sans s'éloigner beaucoup. On jouit d'une belle vue sur *l'ensemble de Fraize* ; on distingue nettement la *place de la gare*, la *grande rue*, *l'hôtel de ville*, *l'hôpital*, *l'église*, les *écoles*, les *usines* et les *nouvelles casernes*. Au second plan on aperçoit les *Sèches-Tournées*, *Scarupt*, les *Faux*, *Plainfaing* et *Barançon*. Les montagnes qui constituent le fond de ce joli tableau sont de moyenne hauteur, elles vont de *Monthegoutte* au *Col du Bonhomme*.

Pour arriver à la ferme Béjol, on aurait pu suivre un autre itinéraire (voir promenade n° 23 : Roche des Fées et Roche de Rovémont). Il est un peu plus long, mais moins fatigant.

Continuer toujours le chemin suivi jusqu'ici, (le sentier de droite à l'angle de la forêt va à *la Roche des Fées et à la Roche de Rovémont*). Nous ne tardons pas à entrer au milieu d'une plantation de jeunes pins et les poteaux électriques qui viennent du Rudlin vont nous servir de guide presque jusqu'au *Col du Reposoir*. N'oublions pas de lire l'inscription fixée sur chacun d'eux : *Défense absolue de toucher aux fils électriques, même tombés à terre. Danger de mort.*

A la sortie des pins, nous sommes à *Rovémont*. Belle vue sur *Barançon* et le *Col du Bonhomme* dont on aperçoit la ferme dans le lointain ; la *vallée de Habeaurupt* s'ouvre en face.

Arrivé au *Col de Rovémont* nous nous trouvons en face de deux chemins parallèles qui conduisent tous deux à Sérichamp. L'un ne tarde pas à s'introduire en forêt, l'autre côtoie longtemps la lisière, c'est celui du bas, il est de beaucoup le plus préférable et le meilleur : (suivre toujours les poteaux électriques).

(Du col de Rovémont, on pourrait voir *Clefcy et ses environs* en suivant le chemin de droite sur un parcours de 50 mètres).

---

(1) Le mot Sérichamp vient de Souris Champ.

La route qui va *de Rovémont au Col du Reposoir* débute près d'une auberge rustique à mi-côte ; elle est toujours bonne et à peu près plate.

La ruche bourdonnante est au pied : c'est *Noirgoutte*, les *Graviers* et la *Truche* avec leurs importantes usines et leurs vastes casernes ouvrières. On aperçoit nettement le nouvel abattoir, les écoles et les maisons de commerce où viennent s'approvisionner les nombreux ouvriers de la région. Le va et vient des voitures est continuel, le gai tic-tac d'un moulin, le bruit sourd des usines et le cri strident des scieries arrivent aux oreilles du touriste qui peut à peine s'imaginer que dans une gorge aussi étroite règne une telle activité.

L'industrie s'est considérablement développée depuis une cinquantaine d'années dans la région ; de nouvelles constructions s'élèvent encore tous les jours pour loger la population qui devient de plus en plus dense. Ce qui est à remarquer ce sont les nombreux sentiers qui sillonnent les pentes de la rive droite de la Meurthe et qui se dirigent tous vers la vallée.

De chaque côté du chemin, ce sont des rochers qui couvrent en grande partie le flanc de la montagne.

Un peu avant le *Col du Reposoir*, on quitte les poteaux électriques, ils suivent la route qui descend au *Brecq* et à *Habeaurupt*.

A 50 m. à droite du col, jolie échappée sur la *vallée de Straiture*, *Anould*, le *Souche* et *St-Léonard*. Le nouvel horizon est borné par les hauteurs qui séparent *Ban-sur-Meurthe* de *Gerbépal* et de *Corcieux*. On a devant soi les *roches de Boslimpré* et plus à droite le *Kiosque du Sphinx*.

Vue générale de Plainfaing.

Quelle transition brusque, quel changement de décor ! D'un côté c'est le brouhaha de l'activité industrielle, de l'autre, c'est le calme de la vie pastorale. Seuls, les cris joyeux des jeunes pâtres cueillant des brimbelles font résonner les échos de la vallée.

Mais n'oublions pas Sérichamp et reprenons le chemin que nous venons de quitter. Un banc à la lisière de la forêt permet de jouir une dernière fois du beau paysage qui se déroule de Plainfaing au Rudlin. La route pénètre en forêt à 300 m. au delà du Col du Reposoir, elle est peu montante. Après 1/4 d'heure de marche, éclaircie à gauche sur les fermes de *Strazy*.

Le promeneur rentre en forêt sans s'inquiéter des nombreux sentiers qui se trouvent à droite et à gauche de son chemin, il suivra toujours celui qui est le mieux tracé.

Lire cette inscription sur un sapin à quelques mètres de la lisière :

FORET
COM - ALE
DE CLEFCY

C'est le chemin en pente douce à droite de cet arbre qu'il faut prendre pour arriver au bout d'un 1/4 d'heure au *Poste Champ-Cuny*, (altération de *Jean Cuny*). Un écriteau indique cet ancien rendez-vous de chasse, à une bifurcation de routes, au milieu de sapins géants habillés de mousse, de lichen et de lierre.

Le touriste profitera avec plaisir de la table et des bancs établis là par le C.P.C.F.

A gauche se trouve le *chemin de Habeaurupt*, à droite celui *du Seucy* et en face se continue celui *de Sérichamp*.

« Si un heureux hasard a amené le touriste dans une des grandes fermes qui servent le dimanche de rendez-vous aux marquaires d'alentour et à leurs payses, il pourra même se payer le plaisir de faire quelques tours de valse ou de polka, aux sons d'un orchestre quelque peu rudimentaire, il est vrai, — mais à ces hauteurs il ne faut pas être trop difficile, — et la grâce légère et les yeux brillants de sa danseuse d'occasion lui feront oublier les couacs des artistes musiciens ! »

Après 5 minutes de marche on arrive à une clairière, puis 200 mètres plus loin, c'est le pâturage de *Charbonichamp* (1.000 m. d'altitude).

Divers chemins (à gauche) vont à *Habeaurupt* et à *Xéfosse* ; d'autres (à droite) se rendent dans la *vallée de Straiture*.

Des trois chemins qui se trouvent à 100 mètres au delà de la dernière ferme, prendre celui de droite qui ne tarde pas à rentrer dans la forêt et qui conduit en 40 minutes au pied de la *Chaume de Sérichamp*.

Le troupeau du fermier est à la pâture sous la garde d'un enfant ; les vaches paisibles s'arrêtent de brouter et regardent le voyageur avec curiosité. La *métairie* se trouve au milieu de la lande.

Le premier soin du touriste sera d'aller se reposer à la ferme et d'y casser une croûte. Inutile d'emporter des provisions, la fermière s'y entend pour servir un repas copieux arrosé d'excellent vin gris. Les prix n'y sont pas exagérés ; on mange bien et à bon compte.

Quand le touriste a repris des forces, il examine le site avec plus de plaisir.

La chaume et le pâturage de Sérichamp.

En face de la marcairerie, c'est *Gérardmer* avec un coin de son *lac* bleu, puis les montagnes qui l'enserrent : les forêts de *la Brande*, de *Saint-Jacques* et de *Fachepremont*, les *chaumes de Belbriette* et de *Balveurche*, le *Haut-Chitelet*, le *Col de la Schlucht* et le *Hohneck* dans le lointain.

Le *point culminant de la Chaume est à 1,147 m. d'altitude*, derrière la métairie. La vue s'étend du *Donon* à la *Schlucht* et même au *Ballon d'Alsace*. On domine les côtes de *Corcieux*, la ville de *Saint-Dié* entre l'*Ormont* et le *Kemberg*, on aperçoit toutes les *Hautes-Chaumes* du *Bressoir* à la *Schlucht* dans leurs moindres détails. On remarque le *Col du Bonhomme*, le *Luschbach*, *les hauteurs du Lac Blanc*, la *Reichsberg*, le *Gazon-Martin*, le *Tanet*, *Balveurche*, *Montabez*, le *Hohneck*, le *Rothenbach*. Examinons ce petit point blanc qui dévale et contourne les pentes : c'est le *tramway*. Au Nord on remarque le

Rudlin et le *gouffre de Xéfosse*, vaste cirque boisé non moins imposant que celui de *Munster*, au fond duquel se trouvait autrefois un lac aujourd'hui desséché et dont la tradition a conservé la légende. (Voir promenade n° 11). Le touriste sera certainement surpris de voir la profondeur du ravin, la largeur de l'abîme et la beauté du site. Le souvenir qu'il emportera de sa course lui restera longtemps gravé dans la mémoire.

Le retour à Fraize peut s'effectuer de plusieurs façons, tout d'abord en refaisant la course en sens inverse, puis par le *Grand-Vallin* et enfin par le *Sentier du Noyer*; ou par le sentier qui descend par le gouffre de Xéfosse.

1° *Par le Grand-Vallin*. — De la marcairerie, le touriste doit d'abord retourner vers le chemin qui l'a amené dans la lande, il le continuera sur toute la largeur de la chaume.

Un *kiosque* magnifique, véritable chalet, construit aux frais du C. P. C. F. permet au touriste de prendre un instant de repos. La forme extérieure de cette construction est très coquette, et l'intérieur ne manque pas d'agrément ; on peut y faire la cuisine et manger dans la pièce du fond qui est aménagée avec goût.

Félicitons en passant les forestiers qui ont pris part à la construction de ce petit chalet.

Du kiosque au Grand-Vallin, 1/2 heure ; un écriteau du Club alpin français indique le chemin à suivre pour y arriver : la pente est assez rapide, rocailleuse et parfois tourbeuse, mais la distance n'est pas grande.

De là, *retour à Fraize par le Vallin ou par Straiture* (voir promenade n° 18).

2° *Par le Sentier du Noyer*. — Nous insistons vivement près du touriste pour qu'il termine son excursion par le *Sentier du Noyer*, établi depuis quelques années seulement à travers les rochers fantastiques qui dominent le *Vallin* ; il présente une suite ininterrompue de sites pittoresques et variés : il vaut le « *Pionnier-pfad* » du Lac Blanc. Si le visiteur adopte cet itinéraire, il faut longer la face de la métairie, suivre le sentier herbu qui le conduit dans la direction opposée à l'entrée de le chaume. A 400 m. de la ferme, on trouve une mare et quelques arbres isolés. C'est à 50 mètres à gauche de cette mare que l'on commence le Sentier du Noyer.

A 200 mètres dans la forêt, lire cet écriteau cloué à un sapin ;

C.P.C.F.
Xéfosse. 4 km
—➤
Sérichamp. 0k600
➤—

puis en face un second écriteau à l'entrée du sentier qu'il faut prendre.

C.P.C.F.
L'Ermitage
La Chapelle du Rudlin
➤—

Il passe d'abord dans des terrains feigneux, mais bientôt il devient doux sous les pieds et s'arpente facilement. A travers les arbres, on entrevoit par places la *route du Grand-Vallin au Vallin*. Il sort de la forêt (une demi-heure de marche), mais ici quelle agréable surprise, quel étonnement !

Tout à coup, du haut d'un belvédère granitique, le touriste découvre à ses pieds un précipice de rochers à plusieurs étages, fuyant dans une immense perspective. Au fond de l'abîme, à plus de 100 mètres, la prairie étale sa pelouse verdoyante au milieu de laquelle se trouve le *Valtin*. Il n'est pas d'endroit où la nature présente un contraste plus saisissant ; ici sur la hauteur elle est grande et sauvage, là, au fond, elle s'offre à nos yeux, paisible et riante.

Le *Valtin* est joliment assis au pied de cet abîme, à 760 m. d'altitude. Les maisons de ce village sont semées au hasard, jetées pêle-mêle ; les fermes, les masures délabrées et brunies par le temps sont groupées autour de l'antique église, du cimetière et de l'école. En perspective, nous les voyons semblables à celles des bergeries enfantines La route passe au milieu, déroulant ses lacets comme un long ruban clair qui se détache du fond vert des prairies. Le torrent sautille dans les roches derrière le village ; nous percevons jusqu'ici le sourd grondement de ses petites cascatelles sur les cailloux de son lit. Les scieries animent le paysage, les troupeaux paissent l'herbe aromatique des prairies, leurs clochettes tintent gaiement dans le lointain.

Au-dessus des prairies s'élèvent les pâturages, puis les hautes montagnes bornent la vue au-dessous de l'azur céleste. Ce sont les *Hautes-Chaumes* avec leurs métairies, du *col du Luschbach* à gauche au *col de la Schlucht* à droite. On aperçoit nettement en face de soi la marcairerie du *Gazon du Faing*. Partout la grâce s'allie au grandiose ; la nature a vraiment prodigué les dons les plus variés à ce coin solitaire. Derrière soi, la muraille de rochers s'élève toujours plus imposante et plus sévère.

« Quand les yeux sont revenus de leur surprise admirative, quand les cœurs battent moins fort, les appareils photographiques des touristes fonctionnent généralement ».

On s'arrache à regret à cette contemplation, mais il faut songer au retour.

Le sentier descend en zigzag dans une mer de rochers gris, lézardés, aux vagues immobiles d'un aspect fantastique, couronnés par les hautes sapinières. C'est un véritable labyrinthe rocheux, mais pas entièrement dénudé. Dans les anfractuosités croissent de nombreux arbustes et des plantes alpestres qui se cachent à l'abri des vents.

A partir d'ici, le sentier devient caillouteux, la moindre imprudence serait fatale au touriste ; une rampe en fer a été placée dans les endroits dangereux pour éviter les accidents.

Les troupeaux viennent jusqu'ici brouter l'herbe rare qui pousse entre les rochers ; le visiteur se trouve surpris de l'agilité des bonnes bêtes qui le regardent si placidement.

Le sentier rentre encore en forêt, il devient rapide et dur ; on croise le *Sentier du Renard* qui conduit aux magnifiques promenades de *la Cirgoutte* et de *Xéfosse* et on ne tarde pas à retrouver la route du *Rudlin au Valtin*, à 500 mètres de la *Chapelle de l'Ermitage*.

Du *Rudlin à Fraize* (voir itinéraire n° 12). Pour rentrer, on profiterait volontiers d'une voiture : au touriste d'aviser.

La promenade que nous venons de décrire est fort intéressante, on en rapporte une foule d'impressions et de souvenirs inoubliables.

NOTA. — Un chemin forestier bien tracé prend non loin de l'école des garçons de *Habeaurupt* et se rend à *Charbonichamp* et à *Sérichamp*.

Il en existe aussi plusieurs qui prennent dans la vallée de *Straiture* ; ils conduisent plus ou moins directement à ces deux points de vue.

Les touristes non entraînés, pourront se faire conduire en voiture jusqu'au Grand-Valtin, d'où ils gagneront la Chaume de Sérichamp en moins de 3/4 d'heure de marche.

PROMENADE N° 18

Clefcy ; Ban-sur-Meurthe, Straiture (Gérardmer) — Le Grand-Valtin, retour par le Valtin, le Rudlin, Plainfaing.

32 km (aller et retour). Une journée

La promenade que nous allons décrire est sans contredit une des plus attrayantes de la région. Elle peut se faire entièrement en voiture ou en auto, les cyclistes la trouveront aussi agréable, sauf dans la *montée du Surceneux* où ils devront descendre de machine pendant 20 minutes environ.

La *vallée de Straiture,* fort justement appelée « la *petite Suisse* » par quelques écrivains, attire chaque année de nombreux excursionnistes qui la quittent à regret, mais toujours avec le désir de la revoir encore. Cette vallée offre en effet aux spectateurs une suite de tableaux saisissants par leur caractère grandiose.

Le citadin qui vient se reposer pendant quelques jours dans nos pays est frappé de la solitude qui règne au fond de ces gorges, lorsqu'il compare l'existence pastorale des paysans de cette région à la vie dévorante des habitants des villes.

La promenade peut se faire plusieurs fois sans crainte de la trouver monotone ; à chaque nouvelle visite on lui trouve d'autres charmes, elle apparaît sous un aspect toujours nouveau. Rien n'a été ménagé par la nature pour lui donner le caractère pittoresque qui lui est propre. La majesté des sites, les montagnes abruptes, les rochers gigantesques, l'air imposant et grave des sapins, le murmure du ruisseau, les scieries échelonnées sur tout son parcours contribuent à sa beauté.

La *vallée de Straiture* est presque parallèle à celle de *Habeaurupt,* mais en diffère essentiellement en ce que celle-ci est industrielle et l'autre agricole.

La promenade peut se commencer par l'une ou l'autre des vallées indistinctement. Les loueurs de voiture aimeront mieux partir de Plainfaing et revenir par Clefcy, parce que la montée de Surceneux est pénible pour les chevaux. *Les piétons pourront choisir l'itinéraire qui leur convient :* la vue qui domine le Valtin est plus jolie à voir en partant de Clefcy, mais la vallée de Straiture semble plus attrayante à quelques-uns en prenant Plainfaing comme point de départ.

De *Fraize à Clefcy,* 4 klm ; 1° prendre à Fraize le train jusqu'à la première station : Clefcy-Ban-sur-Meurthe ; ou 2° suivre la *rue de la Gendarmerie* et la *route d'Anould.* Traverser *la section de Clairgoutte* et la voie ferrée ; un sentier assez agréable, passant à travers champs, conduit directement à *Clefcy :* (on gagne ainsi 10 minutes). 3° On peut également suivre la route jusqu'à *Sondreville,* en face d'une auberge. Prendre le chemin de gauche, il traverse la voie ferrée à 100 mèt. environ de la route d'Anould. Une petite gare bien coquette vient d'être construite à cet endroit pour desservir les communes de Clefcy et de Ban-sur-Meurthe. Sur la montagne à droite, on voit les *Roches de Boslimpré* (promenade n° 20). On a toujours la *Petite-Meurthe* à sa droite, on ne tarde pas à arriver à l'étang de Clefcy et au village même.

Clefcy, Téléphone (512 habitants) a été ravagé par *les Suédois*, vers 1650, la peste et la famine augmentèrent encore la misère du pays à cette époque. Un bœuf seulement pût être sauvé du pillage des « *Houèbes* », la faim fut tellement grande qu'un pré de 12 fauchées fut vendu pour une miche de pain ; il a conservé depuis le nom de « pré de l'aumône ».

« Le village de Clefcy jouit d'une certaine célébrité, dit *M. Charton*. Les cabaretiers ont le talent de fabriquer, avec des œufs et la plus pure farine de froment, non pas des quiches semblables à celles de Remiremont, mais des biscuits qu'ils nomment *conattes*, qui ne sont certes pas sans mérite. Cette pâtisserie se fait tous les ans, avant le troisième dimanche de carême. La veille de ce dimanche, les hommes, même les plus rangés, passent la nuit à jouer les conattes ; les garçons en portent aux filles qu'ils recherchent et les filles leur donnent en échange, à Pâques, des mouchoirs qu'on appelle tracas, du mot français troc. Il faut remonter au temps des mœurs primitives pour trouver de pareilles coutumes ». Aujourd'hui, ce ne sont plus des mouchoirs que les demoiselles portent aux garçons, mais des œufs.

Clefcy.

« La renommée veut qu'à Clefcy l'on s'arrête au *Restaurant de M. Antoine* pour y savourer la truite et s'y régaler de quiche lorraine, tout en dégustant une fameuse eau-de-vie de mirabelle ».

A. Roux. Les Vosges.

Traverser le village en entier ; on voit se dresser pendant longtemps à droite les *roches de Boslimpré*, qui se détachent du paysage comme les ruines d'un ancien château. A gauche, *roche des Fées*, puis au coin d'un petit bosquet on aperçoit la *Chapelle Saint-Hubert*, élevée en l'honneur de ce saint et de la patronne de la paroisse.

La légende de son origine a été maintes fois racontée par les anciens de la région, la voici dans toute sa naïveté :

Il y a bien longtemps, le pays était hanté par les *sorciers de Balveurche* et la coutume des *conattes* existait déjà. *Blaison*, le fils d'un riche fermier de Straiture, aimait d'un amour tendre *Mahour*, la fille du syndic de Ban-le-Duc, aujourd'hui Ban-sur-Meurthe. Il résolut de lui offrir des conattes la veille de la mi-carême, mais lorsqu'il arriva chez Mahour, il y trouva plusieurs gars qui étaient venus pour le même motif.

Depuis plusieurs jours, on avait remarqué qu'un chien errant, aux allures suspectes, parcourait la région, jetant des maléfices dans les fermes autour desquelles il allait rôder. A n'en pas douter, le diable se cachait dans le corps de cet animal dont on redoutait la présence. Dans les poêles de loures, on racontait les méfaits de ce chien ensorcelé et les plus hardis se demandaient comment on pourrait s'en débarrasser.

Le père de Mahour dit aux jeunes gens qui étaient réunis autour de son poêle : « Celui d'entre vous qui tuera ce mauvais chien aura la main de ma fille et je jure de faire élever une chapelle en l'honneur de saint Hubert à l'endroit où il aura accompli cette prouesse ».

Bientôt la veillée prend fin, les jeunes gens se retirent et Blaison le soir même veut essayer de délivrer le pays de la bête malfaisante, pour conquérir Mahour. Il court chercher un sabre, fait le guet et ne tarde pas à percevoir les aboiements sinistres du chien. Il est glacé de terreur à l'approche de la bête diabolique et s'enfuit épouvanté. Dans la même soirée, ses concurrents, armés de fourches, de pieux reculent aussi devant le « *Menegou* » le diable caché dans le corps de ce chien.

Une inspiration vient subitement à Blaison : l'amour lui suggère un moyen infaillible d'en finir avec Satan.

Le lendemain, jour de la mi-carême, à la messe, il fait bénir des conattes et le soir venu, il va à la rencontre de l'ennemi avec son panier de gaufres. Il les jette à l'animal qui, mourant de faim, les dévore à belles dents. Le chien pousse aussitôt des cris de douleur, il se tord sous l'effet du mal : les conattes bénites venaient de l'empoisonner.

Blaison court porter la bonne nouvelle au père de Mahour qui vient constater le fait.

Le maire de Ban tient sa promesse, il accorde sa fille au jeune homme courageux et fait élever la chapelle qui se dresse aujourd'hui sur le flanc du coteau.

On y vient encore invoquer *saint Hubert* quand on a été mordu par un mauvais chien.

« La lune de Clefcy est légendaire. C'est ainsi que l'on dit dans les cantons de Corcieux, de Fraize et de Gérardmer, quand la lune est à son premier ou à son dernier quartier : « Nôs os cô lai line de Selefsaille. — Nous avons encore la lune de Clefcy. » Voici l'origine de ce dicton :

« Un homme de Clefcy n'avait jamais vu la lune dans son plein. La première fois que l'occasion lui fut donnée de contempler ce spectacle, il se trouvait dans une localité voisine où il s'était attardé pour affaires : « Oh ! oh ! s'écria-t-il avec conviction, en attirant l'attention des passants, — ce n'est pas la même lune que chez nous, celle-ci est bien plus grosse ». « Le Folk-Lore des Hautes-Vosges, par L. F. Sauvé ».

De nombreux sentiers sillonnent les côtes et se rendent dans toutes les directions : les hauteurs sont en partie déboisées, parsemées de rocailles et d'arbustes rabougris ; çà et là, des fermes ont été bâties sur le long des coteaux.

Du hameau du Vic, à gauche, part un bon sentier forestier qui conduit au *Sency*, à *Charbonichamp* et à *Sérichamp* (voir promenade n° 17). Cette dernière course est tout aussi agréable à faire par ici que par *Plainfaing*.

A partir du *Vic*, on voit le hameau de *Sachemont*, situé au milieu d'un joli bassin à 1 klm. dans la vallée.

Le touriste trouvera à *l'auberge Grivel* les gens les plus affables et l'hospitalité la plus franche.

On entre alors sur la commune de *Ban-sur-Meurthe* qui s'appelait *Ban-le-Duc* avant la Révolution (1.100 habitants). Les maisons sont éparses au milieu des prairies verdoyantes ; de nombreuses scieries et quelques moulins animent le paysage. En face de Sachemont, dans le bois, se trouve la *Roche d'Osseux*, du sommet de laquelle on domine toute la vallée.

Vis-à-vis *l'école de Sachemont*, à *Bouillereau*, est une carrière de granit dont les pierres servent au pavage des routes.

Quel joli endroit que *Sachemont !* Cette contrée est fraîche, solitaire, enchanteresse.

En contemplant ce séduisant paysage, on est tenté d'envier la vie paisible des montagnards qui habitent ces chaumières isolées. Mais le cœur se serre en songeant à la solitude où ils sont plongés lorsque la neige a couvert d'un épais tapis la riante contrée que nous admirons dans la belle saison.

Pendant les longs quartiers d'hiver, les voisins se réunissent le soir et forment des « *poêles de veillée* ». Les femmes tricotent et filent, les hommes fument la pipe au coin du feu. Les travaux de la journée sont les principaux sujets de la conversation. Les vieux racontent les exploits de leur jeunesse ; les sorciers et les revenants existent encore pour quelques âmes naïves. Les anciens parlent de la « *monhiennequin* » et du « *Sotré* », ils font frémir leurs auditeurs par les détails qu'ils ajoutent et par la foi avec laquelle ils les donnent. La veillée se prolonge fort tard dans la nuit, enfin les groupes se séparent et les « *loures* » recommencent le lendemain dans la chaumière voisine.

« Dans le canton de Fraize, la clôture des veillées arrive le 12 mars, jour de la fête de saint Grégoire-le-Grand. Autrefois, on disait en forme de proverbe : « Saint Gueurgœle nœ eune fusæ », ce qui signifie : quand la saint Grégoire est venue, le travail du soir de chaque fileuse d'une fusée diminue.

Il y a quelque soixante ans, un passe-temps très apprécié de la jeunesse avait lieu la veille de ce jour, dans la même région. On l'appelait la noyade des lampes, et voici en quoi il consistait : A la fin de la dernière veillée de la saison, l'usage voulait que toute fontaine fût surmontée d'une lampe. Les jeunes gens, garçons et filles, que des besoins communs rassemblaient, deux ou trois fois le jour, autour d'une même fontaine, n'avaient garde d'oublier de s'entendre, en temps utile, à l'effet de pourvoir à son illumination. La chose était facile et peu coûteuse d'ailleurs : on prenait un navet, le plus gros possible, on lui donnait la forme d'une tête de mort, et, avec un peu d'huile et une mèche, on en faisait une lampe irréprochable. Celle-ci, tout passant qui n'avait pas le cœur aux talons devait faire en sorte de l'enlever ou de l'éteindre. Pour y réussir, par exemple, il ne fallait pas redouter une aspersion d'eau glacée. Bien que nulle lampe, en effet, ne parût surveillée, chacune d'elles avait pour la défendre un intrépide gardien dissimulé dans l'ombre et armé d'un plein seau d'eau. De temps en temps, comme une provocation, le cri de « I naë, i naë » (elle se noie, elle se noie) s'échappait des lèvres de ce champion invisible, et, chaque fois que le défi était relevé, il y avait beau jeu. L'assaillant, presque toujours, avait affaire à forte partie : tant pis pour lui si, après avoir été arrosé des pieds à la tête, sans avoir mené son entreprise à bonne fin, il revenait à la charge ! Car, alors, il lui fallait engager une lutte corps à corps avec son adversaire, et celui-ci ne manquait guère de lui faire prendre un bain complet dans l'auge de la fontaine ».

« Le Folk-lore des Hautes-Vosges, par L. F. Sauvé ».

« Le *Sotré* est un petit bonhomme, laid, difforme, aux pieds fourchus. Tantôt, il se montre vêtu d'une houppelande rouge et coiffé d'un bonnet noir, tantôt il porte une houppelande noire et un bonnet rouge. Bien que sa taille ne dépasse guère celle d'un enfant à la mamelle, il est doué d'une force extraordinaire. Malicieux et enjoué, on le dit bon et serviable à ses heures, mais aussi gourmand, quelque peu pillard et paillard, curieux, effronté, vindicatif. Ah ! les bons tours qu'il joue aux gens distraits, aux désœuvrés, aux ménagers de leur peine !...

« Si, par hasard, on vient à surprendre le Sotré, soit dans une étable, soit dans une maison, il ne faut pas faire semblant de le voir, ni lui adresser la parole ; autrement, branle-bas général : il se fâche et sa colère est à redouter.

« Un jour, un Sotré s'avisa de faire entrer un cheval dans un *ran* (réduit à porcs). C'était à Ban-sur-Meurthe, raconte-t-on. Un homme, le maître de la bête, avait vu le coup et voulut savoir quelle diablerie ce lutin pouvait bien être en train de manigancer. Mal lui en prit, car, sans parler de la rude frottée qu'il reçut pour prix de son indiscrète curiosité, il lui fallut jeter bas le ran, et, de fond en comble, pour en retirer son cheval ».

« Le Folke-lore des Hautes-Vosges, par L. F. Sauvé ».

La vie est active dans cette partie de la vallée. Les scieries font entendre leur cri strident et sonore, les moulins leur tic-tac paisible et monotone. Pendant la journée, les hommes sont en forêt, ils abattent et conduisent les énormes *tronces*, qui sont déposées autour des scieries. En hiver ils font des sabots : les femmes fabriquent les fromages aromatisés qui sont une spécialité de la région.

La beauté de la vallée n'en fait pas la richesse, on trouve plusieurs maisons abandonnées. Les habitants ont délaissé les montagnes et ont préféré les cités industrielles, ils ont quitté leurs métiers à bras pour travailler aux tissages mécaniques de la contrée.

A quelque distance de l'*école de Sachemont*, et en face de soi les montagnes se rapprochent et semblent former un immense entonnoir : c'est *l'Etang* où il y avait autrefois un ermitage. Il y en avait du reste sur plusieurs points du canton et les anachorètes n'étaient pas toujours vertueux et pieux.

Monsieur Charton raconte que le solitaire qui habitait l'Etang avait invité, à plusieurs reprises, les trois jeunes filles d'un cultivateur peu éloigné de sa retraite à venir visiter sa chapelle, et que cette invitation n'avait jamais été acceptée par elles. Un soir néanmoins, poussées par la curiosité, elles se dirigèrent ensemble vers sa cellule, mais la porte en était close. Pensant qu'il n'était pas loin et qu'il ne tarderait pas à rentrer, elles se cachèrent pour le surprendre à son retour. Quelle ne fut pas leur épouvante, lorsqu'elles le virent revenir, portant sur ses épaules le cadavre d'un voyageur assassiné ! Immobiles de terreur, elles le suivirent des yeux. L'ermite déposa sa victime sur le plancher, la fouilla, lui prit deux liards qu'il trouva sur elle et s'écria : « *Pauvre diable ! tu as donné ta vie à bon marché !* » puis il alla jeter le cadavre dans l'étang. Les jeunes filles profitèrent de ce moment pour se sauver et regagner leur demeure où elles racontèrent toutes les circonstances du drame. L'une d'elles fut tellement saisie de ce spectacle qu'elle en tomba malade et mourut. La justice informa, emprisonna le solitaire, le condamna au dernier supplice et fit raser sa chapelle et son ermitage.

A mesure que le touriste avance, il croit que la vallée va se fermer, mais au tournant de la route il est vite détrompé, la *vallée de Straiture* s'ouvre devant lui, pleine de curiosités, imposante et agreste dans toute l'acception du mot.

Ce n'est plus qu'une gorge tellement étroite qu'à certains endroits elle livre à peine passage à la route et au torrent. C'est un défilé de 4 klm de longueur, présentant une suite de sites d'un aspect saisissant entre les parois abruptes et boisées des montagnes, au milieu d'une coulée de roches granitiques. Plusieurs curiosités sont égrenées dans ce vestibule digne des Alpes et l'on peut dire comme *Topffer : « Dans ce pays, il n'y a pas un seul caillou qui ne soit pittoresque ».*

A certains endroits, *la Meurthe* coule mystérieusement sur un lit de rochers arrondis, en faisant entendre un léger murmure ; ailleurs elle tombe avec fracas dans un bassin inférieur, bordé de roches anguleuses. Plus loin, le petit ruisselet disparaît complètement ; il se perd dans les anfractuosités des pierres qui forment son lit pour reparaître à quelques centaines de mètres plus bas.

Cette petite rivière, d'une fraîcheur exquise est le séjour préféré d'excellentes *truites*.

On trouve aussi de coquettes maisons forestières qui font inévitablement songer à celle du *Brigadier Frédéric*, le héros d'*Erckmann-Chatrian*. On peut y entrer, les gardes réservent toujours un bon accueil aux touristes fatigués ; ceux-ci pourront se rafraîchir, et même casser une croûte au besoin.

La propreté est le luxe des gardes qui ornent avec art leurs modestes asiles. Ils savent utiliser les moindres morceaux de bois, les lichens, les mousses ou les champignons qu'ils trouvent dans leurs tournées.

Près de la scierie du *Lançoir*, à gauche, on voit le chemin de *Foincel* qui va à *Sérichamp* et au *Grand-Valtin*. A droite est le *chemin forestier* qui se rend à l'*Etang*, il suit les crêtes et aboutit à *Gerbépal*.

De temps à autre, des ponts rustiques traversent la *Meurthe* et permettent de visiter les deux rives.

A gauche et sur presque tout le parcours, le touriste voit cette immense coulée de roches granitiques, tandis qu'à droite, ce sont des sapins géants qui s'élancent sur les pentes à pic de la montagne.

A quelque distance de la maison forestière de *Blanche-Fontaine*, on trouve la *Glacière*, près du pont qui traverse la Meurthe et qui rejoint l'ancienne route. Dans les anfractuosités de ces roches moussues, on peut trouver de la glace pendant une grande partie de l'année.

La *brimbelle* ou *myrtille* croît en abondance dans cette région ; les paysans distillent ces baies et en font une eau-de-vie très estimée. On peut aussi cueillir la mûre, le fruit de la ronce ; les habitants du pays en font un sirop efficace pour guérir les affections de la gorge.

On arrive bientôt aux ruines de la *scierie de la Roche*. Voir un magnifique massif granitique à gauche.

Là, on se trouve en présence de deux chemins qui vont tous deux au *Grand-Valtin*. (A droite est le sentier de la Roche qui se rend à Fonie et à Gerbépal).

La route de gauche est celle que nous conseillons aux piétons, elle est moins longue que l'autre, elle suit continuellement la Meurthe. C'est même le plus beau point de la promenade. Le torrent s'enfonce dans un ravin qui atteint par places une profondeur de 50 mètres au-dessous de la route. Rien de plus imposant à voir que la montagne à pic d'un côté et de l'autre le ravin au fond duquel la Meurthe tombe de cascade en cascade au milieu des rochers.

On arrive au *Grand-Valtin* en 1/4 d'heure.

Les voitures feront mieux de suivre *le chemin du Surceneux* (celui de droite, traverser le pont). La distance pour arriver au Grand-Valtin est peut-être plus grande, mais la route est meilleure.

A 500 mèt. environ, nouvelle bifurcation ; prendre à gauche ; en suivant à droite, on irait en forêt.

Un peu avant d'arriver sur la hauteur du Surceneux, le touriste verra l'entrée d'une *galerie de mine*. Celle-ci n'a pas moins de 42 mètres de profondeur, elle se bifurque vers le milieu. Cette mine fut découverte fortuitement par un terrassier qui travaillait à la construction de la route. En piochant, l'ouvrier sentit tout-à-coup son outil lui échapper des mains et le vit disparaître dans une crevasse qu'il venait ainsi de mettre à jour. L'entrée de la mine fut agrandie et on explora la galerie. On se demande encore ce que les anciens pouvaient en retirer. Ils ont probablement cherché du minerai de fer, car le pays en révèle des traces à certains endroits.

La Gorge de Straiture. Schmalique et le Grand-Valtin.

On arrive bientôt sur la hauteur. En continuant la route qu'on a devant soi, on irait à *Longemer* et à *Gérardmer*. On se trouve à *10 klm. de Clefcy, 26 de Saint-Dié. 5 du Valtin et 7 de Gérardmer*.

Prendre la route de gauche qui conduit directement au *Grand-Valtin* (1 klm).

A droite sur la hauteur, on peut remarquer la *maison forestière de Schmalique*, au pied des *hauteurs de Balveurche*. La première route que nous avons indiquée, qui part de la ruine de la scierie de la roche, rejoint celle du Surceneux près de la *scierie du Grand-Vallin*.

Petite section de *Ban-sur-Meurthe*, le *Grand-Vallin* se compose de fermes isolées placées d'une façon éparse sur toute la hauteur. On laisse à droite la *maison d'école*, on a en face de soi les *Hautes-Chaumes*, on aperçoit très distinctement le *Tanet* ; à gauche sont les *hauteurs de Sérichamp*, qu'on peut atteindre en une 1/2 heure. (Voir promenade n° 17).

A droite se trouve une route qui conduit à *Balveurche*, à *Belbriette* au *Collet* et à la *Schlucht*.

Du *Grand-Vallin* au *Vallin* 2 klm. 4.

On peut se procurer à manger aux deux endroits ; sans trouver le superflu, on a du moins le nécessaire. Le plateau a 1 klm de long et n'offre pas de curiosités, mais le touriste a encore de beaux horizons en perspective. La route va s'encaisser de nouveau avant d'arriver au *Petit-Vallin*.

On suit un ruisselet aux eaux claires dont le murmure charme continuellement la promenade. On ne tarde pas à voir en face de soi les champs du *Valtin*. C'est une côte cultivée, divisée en petites parcelles ; le morcellement des propriétés est tellement grand que ce finage a reçu, à juste titre, le nom de *Jeu de cartes*.

A un tournant de la route, le *Valtin* (305 hab.), télégraphe, téléphone, apparaît en entier. La vallée s'encaisse de plus en plus, le village se trouve au fond et occupe une situation admirable. Il est entouré d'un massif de rochers géants aux pieds desquels s'étendent d'immenses pâturages. A d'autres endroits, les hauteurs sont boisées.

Le *Valtin*, étendu dans cette gorge profonde et resserrée, occupe une contrée si sauvage qu'on l'a surnommée la « *Sibérie des Vosges* ». Les deux ruisseaux du *Collet* et du *Rambach*, qui y prennent naissance, forment, en se réunissant, la rivière de la *Meurthe*, si secourable à l'industrie, au commerce et à l'agriculture dans tout son parcours. » (*Charton*).

Par sa position charmante et abritée, entouré de forêts et de montagnes, le *Valtin* possède tout ce que l'on peut demander d'une station climatérique, et il réunit toutes les conditions propres à rendre utile et salutaire un séjour dans nos montagnes. Les vallées environnantes sont arrosées par de nombreux petits ruisseaux ; l'air saturé du parfum des sapins et des épicéas a une vertu particulièrement fortifiante pour les constitutions faibles et épuisées ; cette propriété est du reste commune à bien des endroits de la région. Ce coin de terre est favorisé d'une manière vraiment prodigue, les montagnes offrent au naturaliste et à l'amateur une foule d'occasions d'études botaniques et géologiques. Le lever et le coucher du soleil sont les moments les plus favorables pour saisir la forme des hauteurs, pour jouir du jeu des rayons solaires et de l'ombre.

« — Au lieu de dire des sottises, racontent les belles de Gérardmer, les filles du Valtin feraient mieux d'aller à la recherche de leurs cloches qui sont perdues dans les orties.

— A quoi bon, puisque vous les avez retrouvées en venant cueillir nos orties, pour avoir à manger ?

— Perdues ou retrouvées, elles sonnent drôlement, vos cloches du Valtin :

Bimban ! Bimban !
Dos p'tits ribans,
Dos roges, dos bianes.
Et allez donc, les poupées, allez donc vous attifer !

Ah ! c'est qu'elles parlent, toutes, les cloches des églises des Vosges :

Crève de faim,
Crève de faim !
Crient rageusement celles de Plainfaing.
Dgens d'Anus
Bin guiorus,
E Selefsëi
C'à co pé,
Et pé Frèze,
C'à co d'lé même rèce.

— Traduction : « Gens d'Anould — bien glorieux, — à Clefcy, c'est encore pis, — et puis Fraize, — c'est encore de la même race, » — soupirent tristement les cloches d'Anould. »

« Le Folk-lore des Hautes-Vosges, par L.-F. Sauvé ».

Dans le lointain, on aperçoit le *col du Luschbach* et le *défilé du Rudlin*, nettement dessinés sur le reste du paysage.

Un *kiosque* rustique, établi aux frais du Comité des Promenades du Canton de Fraize, à l'endroit où la route fait un coude très prononcé, permet au touriste de faire une dernière halte avant de descendre au village.

Du *Vallin* au *Rudlin*, 3/4 d'heure de marche. Entre ces deux points, visiter la *Chapelle de l'Ermitage* et la *Cascade du Rudlin*. (Voir promenade n° 12). A droite, *Etang des Dames*.

Retour à *Fraize* par *Habeaurupt*, *la Truche*, *Plainfaing* (promenade n° 11).

Le touriste reviendra enchanté d'une aussi belle promenade ; il oubliera bien vite la fatigue pour ne conserver de sa journée qu'un souvenir à jamais ineffaçable.

PROMENADE N° 19

La Chapelle du Suisse

2 heures (aller et retour)

Réservée exclusivement aux piétons

CETTE promenade est à proximité de Fraize, elle se fait en peu de temps. Si elle ne présente pas d'aussi beaux points de vue que celles du Lac Blanc, de Straiture ou de la Schlucht, elle est cependant fort agréable aux personnes qui n'ont que peu de temps à dépenser à Fraize.

Partir de la *place Demennemeix*, suivre la *rue de la Gendarmerie* et prendre à gauche un sentier à côté de l'ancien *Hôtel de la Poste*. Après l'avoir suivi une centaine de mètres, on traverse la voie ferrée. 100 mèt. plus loin se trouve une bifurcation. Un sentier à gauche va au *Théâtre populaire*, qu'il ne faut pas oublier de visiter, au *Kiosque de la Gare* et à *la Roche des Fées*, celui de droite à la *Chapelle du Suisse*. Un écriteau attaché à un sapin porte cette distance :

Folie-Bresson	200	mètres
La Roche des Fées.	1.800	—
Chapelle du Suisse.	1.800	—
Clefcy et Ban-sur-Meurthe.	2.800	—

Se retourner de temps à autre pour jouir d'une vue magnifique sur *Fraize*.

Le sentier ne tarde pas à entrer en forêt, il faut le continuer sans s'inquiéter de ceux qui prennent à droite et à gauche.

Après 5 minutes de marche, on se trouve à une vingtaine de mètres du sommet du côteau ; prendre à droite un autre chemin assez large et bien tracé. Au bout de 10 minutes, on arrive à la *Chapelle du Suisse*, ainsi nommée du nom de celui qui l'a construite.

Toute simple et sans ornements, elle n'a rien de remarquable par elle-même, mais l'endroit où elle se trouve est agréable. Elle est entourée de sapins qui en masquent un peu la vue. La solitude y est grande, c'est un joli coin pour venir s'y reposer quelques heures, pour faire une bonne lecture ou un goûter en famille.

Une éclaircie dans les arbres permet de jeter un regard sur *Clefcy*, *Ban-sur-Meurthe*, *Straiture* et les *Roches de Boslimpré*.

Bref la course mérite d'être faite, le promeneur la trouvera fort agréable.

PROMENADE N° 20

Anould, la Roche du Sphinx et la Roche de Boslimpré retour par Clefcy

1/2 Journée (aller et retour)

Nous indiquons ici une charmante promenade qui n'a pas de montées bien rapides, et qui permet au touriste d'embrasser un merveilleux panorama ; elle est réservée aux piétons.

Prendre le train jusqu'à Anould, ou partir de la *place Demenncmeix*, suivre la *rue de la Gendarmerie* et se diriger sur *Anould* : traverser la section de *Clairegoutte*.

On trouve à gauche une ancienne maison entourée de hautes murailles, en face de *l'auberge Grosdidier*. Cette vieille demeure s'appelait autrefois la *Cour* ; c'était là que les juges établis par les Ducs de Lorraine rendaient les arrêts de simple police et jugeaient les contraventions dans le *ban de Fraize*.

Traverser le hameau de *Sondreville*, situé au *confluent des deux bras de la Meurthe* : (à gauche, *route de Clefcy ; Ban-sur-Meurthe, Gérardmer* par la *vallée de Straiture*).

Continuer la *route d'Anould* jusqu'à 50 mèt. au delà de la râperie de bois de *l'usine du Souche* et prendre un petit chemin à gauche, à l'endroit où l'on trouve une borne portant cette inscription : Vosges, 72 klm.

Anould. Descente du Plafond.

En suivant ce chemin, on ne tarde pas à rencontrer la voie ferrée, et à 200 mèt. après, on traverse un pâté de maisons. Au delà de ces fermes en tournant à gauche, on rejoint le *chemin des Granges* qui conduit en 10 minutes à la *Roche du Sphinx* ainsi appelée parce que vue de profil, sa forme rappelle assez celle du monstre égyptien. Un kiosque rustique y a été établi.

Il faut escalader ce petit massif granitique ; du sommet le regard parcourt toute la *vallée de Fraize à Saulcy*. On a en face de soi *l'Eglise d'Anould*, perchée sur une petite élévation au bas de laquelle se trouve *la Hardalle*, le *Souche*, le *Paire*, les *Gouttes*, *Gerhaudel*, *St-Léonard*, *Saulcy* et le *dessus de Saint-Dié*.

A gauche et toujours dans la vallée, on a la section de *Déveline*. A mi-côte on distingue le *Chapelet* ; la vue est bornée par une ceinture de montagnes dont les principales sont, en partant de droite : les *Sèches-Tournées*, la *Côte de Mandray*, *Bellevue*, la *côte d'Ormont*, la *Bure*, la *côte St-Martin*, le *Kemberg*, les *montagnes des Rouges-Eaux*, de *Taintrux*, le *Haut-Jacques*, les *Rapailles* et les *hauteurs de Corcieux*. Derrière soi, ce sont les côtes qui dominent *Clefcy* et *Ban-sur-Meurthe*.

Sur quelques-uns de ces coteaux on a trouvé des *ruines gauloises*, notamment aux *Rapailles*. Les anciens racontent encore une légende relative à cette contrée.

Il y a deux siècles environ vivait un bûcheron misérable, brutal et alcoolique. Il était chargé d'une nombreuse famille à laquelle il ménageait moins « les coups de rondins » que les tartines de beurre. Un jour il rentra ivre et maltraita sa plus jeune fillette qui avait douze ans à peine. Elle s'enfuit de la maison paternelle et se dirigea vers la forêt. Le lendemain, quand l'ivrogne eut cuvé son vin, il songea à sa fille et se mit à sa recherche, mais il ne la retrouva pas. Des paysans la découvrirent sur une roche et, détail bizarre, son corps s'était en partie incrusté dans le rocher. Un prêtre fut mandé ; après avoir adressé au Ciel des prières ferventes, il parvint à arracher de la roche le corps de l'enfant. On montre encore l'endroit sur une pierre de la *forêt des Rapailles*.

Anould est un village de 3320 habitants, dont les maisons sont disséminées sur un territoire assez étendu. Au *Souche* se trouvent d'importantes papeteries qui ont été construites sur les restes d'un ancien moulin banal.

« *Anould* n'a point laissé périr l'ancien usage que voici, dit *M. Charton*. Quand un jeune homme d'une autre paroisse épouse une jeune fille d'*Anould*, les garçons de ce dernier village accompagnent, armés de fusils, la mariée, non seulement à l'église où se donne la bénédiction nuptiale, mais jusqu'aux limites du village où elle doit demeurer désormais. Là, des félicitations sont adressées aux deux époux et ne prennent fin que lorsque les parents ou les amis de la mariée ont remis, aux villageois de son escorte, plusieurs pièces de monnaie enveloppées de papier et dont la qualité est vérifiée avec un soin extrême, pour s'assurer que ces pièces sont pures et de bon aloi comme la jeune épouse. La même cérémonie se renouvelle au domicile du mari et c'est alors seulement que sa compagne lui est abandonnée ».

A 100 mèt. au-dessus de la *Roche du Sphinx*, on aperçoit *Fraize* et les *Aulnes* avec leurs importantes usines.

Le chemin qui conduit aux *roches de Boslimpré* est facile à trouver, il est du reste le seul qui suive la montagne à mi-côte. On peut toujours voir à l'Est le *col du Bonhomme*, la *Violette* et les hauteurs qui avoisinent. Au fond, dans la vallée, c'est *Clefcy* avec toutes ses fermes éparpillées le long de la *Petite-Meurthe* et sur les coteaux.

Après avoir suivi ce chemin, toujours très praticable et à plat pendant 3/4 d'heure environ, on arrive au pied des *roches de Boslimpré*, plus élevées que celles du *Sphinx*. Cinq minutes de marche suffisent pour se rendre au point culminant. On croirait voir les ruines d'une citadelle gigantesque qui surplombe toute la vallée, ou une mer de rochers nus, crevassés, aux vagues immobiles, d'une forme étrange, s'élevant à une quarantaine de mètres au-dessus du terrain environnant.

On voit se dessiner dans le lointain les hauteurs qu'on a déjà admirées à la roche du Sphinx, mais la vue est beaucoup plus complète sur l'ensemble du spectacle. On distingue les *hauteurs du Rossberg* et *l'observatoire*, le *Climont*, *l'Ormont*, et le *Spitzemberg*. La gorge de *Straiture* apparaît dans toute sa majesté.

Pour terminer cette promenade si attrayante, on peut descendre directement à *Clefcy* par *le Chêne*, (plusieurs chemins sillonnent la pente de la montagne), ou continuer le chemin qu'on a suivi jusque là pendant 1 heure environ et prendre à gauche un chemin qui vient aboutir derrière *l'école des garçons de Sachemont*.

De Sachemont à Fraize 1 h. 1/2, (voir promenade n° 18).

PROMENADE N° 21

De Fraize à Gérardmer par le Plafond

Distance : 23 km. 1 Journée (aller et retour)

BONNE promenade accessible aux autos et aux vélos ; les cyclistes devront cependant effectuer à pied la *montée du Plafond.*

Départ de *Fraize,* passer à *Anould,* la *Hardalle, Chalgoutte,* monter la *côte du Plafond.* A cet endroit la route se bifurque, celle de droite se rend à *Corcieux.* Prendre celle de gauche, traverser *Gerbépal, Martimpré.* La route cesse alors de monter ; on se trouve toujours dans la forêt et on arrive assez vite au *Pont de Vologne,* au *Saut des Cuves* et au *Théâtre du Peuple.* De là on peut aller à *Longemer,* à *Retournemer* et à la *Schlucht* en remontant la vallée ; en prenant la direction opposée, on arrive à *Gérardmer* 3/4 d'heure.

Le pays est magnifique et attire chaque année un grand nombre d'étrangers qui viennent visiter les curiosités naturelles échelonnées dans toute la région.

De *Gérardmer* on peut revenir à Fraize en retournant sur ses pas ou en prenant le train (*Laveline-devant-Bruyères,* et *Saint-Léonard.*)

A *Saint-Léonard,* la vallée de la Meurthe devient plus large, les montagnes s'infléchissent et forment des vallons pittoresques qui abritent les nombreuses sections de la commune. Aux environs de la gare se trouvent de bons hôtels, les matelotes y sont renommées.

De *Gérardmer,* le retour à *Fraize* peut aussi s'effectuer par *Longemer,* le *Surceneux, Sachemont, Clefcy* et *Fraize.* (Voir promenale n° 18) ou par le *Grand Valtin* et le *Valtin.*

Enfin on peut prendre le Tramway qui conduit à *la Schlucht* par la majestueuse vallée de *Longemer* et de *Retournemer.*

De la *Schlucht à Fraize,* (consulter l'itinéraire n° 15).

Pour de plus amples renseignements sur Gérardmer et ses promenades, acheter le « Guide » de la Région.

LA VIOLETTE

(Triolet)

C'était une humble violette
Qui naquit un jour de printemps.
Elle se cachait sous l'herbette :
C'était une humble violette.
Puis, passant avec sa houlette
Une bergère, aux yeux charmants,
Ecrasa l'humble violette,
Qui mourut un jour de printemps.

G. FLAYEUX.

PROMENADE N° 22

De Fraize à Corcieux par le Plafond

11 klm. — 1 Journée (aller et retour)

La promenade peut se faire en voiture, à bicyclette ou en auto.

Partir de *Fraize*, se diriger sur *Anould, la Hardalle*, traverser la section de *Chalgoutte*, puis le *Plafond*. La route se bifurque à cet endroit. En prenant à gauche, on irait à *Gérardmer ;* c'est la route de droite qu'il faut suivre ; 3/4 d'heure suffisent pour faire le reste de la course. On laisse à gauche le hameau de *Bellegoutte*.

Corcieux (1600 hab.) est un chef-lieu de canton sur le *Neuné* ; il se trouve à 3 klm. de la gare. Si le touriste ne veut pas revenir sur ses pas, il peut prendre le train à la gare de *Corcieux-Vanémont* et revenir à *Fraize* par *St-Léonard*.

LE VIEUX CHATEAU

Voyez là-bas dans la campagne
Le vieux château !
Il fut construit par Charlemagne
Sur ce coteau.

Jadis derrière ces murailles,
En leurs foyers
Se reposaient de leurs batailles
Les chevaliers.

On y chantait les vilanelles
Des troubadours
Que damoiseaux et damoiselles
Aiment toujours

Et les antiques châtelaines,
Aux beaux yeux bleus,
Filaient, comme filaient les reines
De nos aïeux.

Jadis, en ces lieux solitaires,
On entendait
Le bruit des fanfares guerrières
Plein la forêt.

Mais aujourd'hui c'est le silence
Au fond des bois,
Aujourd'hui c'est le vide immense
Dans ces parois !

Le vieux donjon est sans toiture
Et sans créneaux ;
La mousse est la seule sculpture
De ses arceaux.

Plus de seigneurs ni de beaux pages
En galons d'or ;
Seuls les oiseaux en ces parages
Chantent encor.

Le vieux château de Charlemagne
Est délaissé !
C'est un débris, sur la montagne,
Du temps passé !

G. Flayeux.

PROMENADE N° 23

La Roche des Fées et la Roche de Rovémont

2 heures (aller et retour)

Nous ne saurions trop recommander cette excursion aux touristes, même à ceux qui ont visité de plus beaux paysages, car elle leur offrira une suite d'admirables points de vue. Surtout charmante à l'aube et au coucher du soleil, la promenade repose agréablement les personnes qui ont été attachées à un travail sédentaire pendant une grande partie de la journée. (La promenade ne peut se faire qu'à pied).

Partir de la *Place Demennemeix*, suivre la *rue de la Gendarmerie* et prendre à gauche un sentier à côté de l'*ancien hôtel de la Poste*. Après l'avoir suivi une centaine de mètres on traverse la *voie ferrée*. 100 mètres plus loin se trouve une bifurcation. Un sentier à droite va à la *Chapelle du Suisse*, celui de gauche conduit à la *Roche des Fées*. A cet endroit, le C. P. C. F. a fait aménager un kiosque rustique, des tables et des bancs pour y faire la sieste, ainsi qu'un théâtre de verdure très coquet.

Un écriteau cloué à un sapin donne ces distances :

Folie-Bresson.	200 mèt.
La Roche des Fées	1.800 mèt.
Chapelle du Suisse	1.800 mèt.
Clefcy et Ban-sur-Meurthe .	2.800 mèt.

C'est donc le sentier de gauche qu'il faut suivre, il entre presque aussitôt dans le bosquet et se continue en faisant de nombreux lacets. Il conduit à la *Folie-Bresson* (200 mèt.).

Joli lieu de repos pour lire ou faire un petit repas en forêt.

A la sortie du bois, prendre le chemin sur lequel le sentier vient déboucher. Ici un écriteau indique :

La Roche	1.500 mèt.
Sérichamp	8 klm.
Folie-Bresson . .	
Fraize	500 mèt.

Se reposer quelques minutes sur un banc bien ombragé, puis se diriger vers l'extrémité gauche de la forêt qu'on a devant soi (1/4 d'heure). En se retournant, on jouit d'une belle vue sur l'ensemble de *Fraize*. A l'entrée du second bois, on trouve à droite une *carrière de granulite tachetée* qui a une certaine valeur pour les géologues.

A l'angle de la forêt, près de la *ferme Béjot*, on peut lire cet écriteau fixé à un sapin.

Charbonichamp
Sérichamp 7 klm 8

A 4 mèt. en arrière se trouve un autre écriteau (couleur bleue) qui indique : *La Roche* 1 klm.

On pénètre alors dans une belle sapinière à l'extrémité de laquelle on a placé une table et des bancs. Le sentier est bon, le suivre environ 600 mèt. pour arriver à la *Roche des Fées*. Elle n'est pas la plus intéressante, mais elle ne manque pas d'agrément.

De là on peut voir au fond de la vallée : les *Aulnes*, le *Souche*, *Anould*, *St-Léonard*. Plus haut on aperçoit les *Sèches-Tournées*, *Mandramont*, *Bellevue*, la *Côte St-Martin*, le *Kemberg*, les *Rapailles*, les *Roches du Sphinx* et de *Boslimpré*, puis le commencement de la *vallée de Sachemont* qui se dessine nettement à gauche.

Pour jouir d'une vue beaucoup plus complète, continuer le sentier qu'on vient de quitter, il suit presque continuellement la muraille qui sert de limite à la forêt. En 1/4 d'heure on arrive au point culminant, aux *Roches de Rovémont* (*altitude 756 mèt.*).

C'est un mamelon parsemé de blocs granitiques jetés pêle-mêle les uns sur les autres. La végétation est presque nulle, au milieu de ce labyrinthe de roches, le sommet de la croupe est dénudé, c'est déjà presque le sol des Chaumes.

Mais le site offre aux spectateurs une suite de tableaux merveilleux. La vue s'étend sur un panorama circulaire très étendu, elle n'est bornée que par la forêt de laquelle on sort. Si le touriste lui tourne le dos, il voit à sa droite, au fond dans la vallée, les villages d'*Anould*, *Clefcy et Sachemont*. A 400 mèt.et en face de lui, il a le *Col de Rovémont*. A gauche, c'est *Plainfaing* avec tous ses écarts, les *vallées de Habeaurupt* et de *Barançon*. De tous côtés les flancs des montagnes sont parsemés de fermes.

Les cimes les plus élevées que l'on aperçoit à partir de la droite sont : les *hauteurs de Corcieux*, de *Bruyères*, les *Chaumes*, *Sérichamp*, *les Faux*, *la Violette*, le *Col du Bonhomme*, le *Rossberg* et le *Champ de France*.

De ce belvédère, on a la vue la plus complète qui existe à la fois sur les *vallées d'Anould*, *de Straiture*, *de Habeaurupt* et *de Barançon*.

Lorsque le visiteur aura contemplé à son aise toute cette ravissante perspective qui se déroule sous ses yeux, il pourra revenir à Fraize en passant par *Clefcy* ou *Plainfaing* (plusieurs sentiers).

PROMENADE N° 24

De Fraize à Saint-Dié

16 klm (aller). 1 journée

La promenade plait au piéton, au cycliste et à l'automobiliste. Le train nous y conduit directement en passant par *Anould*, *Saint-Léonard* et *Saulcy*.

Empruntons au *Livret-Guide édité par le Syndicat d'Initiative des Vosges et de Nancy*, cette magnifique description de Saint-Dié et des environs.

« La ville de *Saint-Dié* (22.136 habitants, chef-lieu d'arrondissement), est gracieusement assise entre les deux montagnes d'*Ormont* et de *Saint-Martin*, devant la *chaîne des Vosges*, qui lui fait perspective à l'est. La *Fave*, qui vient du *col de Saales*, au nord, et la *Meurthe*, du *Valtin*, au sud, se réunissent en amont de la ville. La rivière la traverse ensuite et la partage en deux parties inégales : sur la rive gauche, le *faubourg*, et, sur la rive droite, la *ville*, dont un côté est le quartier industriel, l'autre le quartier élégant. Les rues, bordées de jolies maisons, sont largement ouvertes à la lumière et ne masquent point le panorama de verdure qui entoure Saint-Dié.

De *la gare* descend en droite ligne l'artère principale de la ville, qui la coupe en deux et forme la croix avec la traversée de la Meurthe. Cette grande rue aboutit à la *place et au monument Jules Ferry*.

La *cathédrale*, qui appartient en partie à l'école romane, le beau *cloître* aux grandes arcades ogivales qui en relie le chevet à la *petite église*, édifiée du roman primitif, parfaitement conservé, sont les plus anciens témoins d'un passé qui remonte aux Romains et aux Gaulois, et qui fut mouvementé. Ils sont situés sur un tertre d'où ils dominent la ville.

L'*hôtel de ville*, dont les arcades forment l'angle de deux rues, a un grand cachet d'élégance. Il renferme le *musée* et une riche *bibliothèque*, provenant en grande partie des abbayes d'*Etival*, de *Moyenmoutier* et de *Senones*.

Eglise Notre-Dame de Saint-Dié.

Sa garnison de *chasseurs à pied* et son industrie donnent une grande animation à la petite cité.

Saint-Dié possède *deux sources ferrugineuses carbonatées*, qui coulent au pied du *Mont Saint-Martin* et qui, depuis plus d'un siècle, ont été recommandées par d'éminents médecins. En attendant leur mise en valeur comme eau de table, elles sont utilisées dans un *établissement hydrothérapique* d'installation modèle.

Le Cloître de Saint-Dié.

Les forêts de sapins, qui, du haut des collines, descendent aux portes mêmes de la ville, offrent à la promenade un abri charmant et un décor superbe. Les buts d'excursions les plus intéressants abondent aux environs. Le *Gratain*, le *massif du Kemberg*, avec les *anciennes grottes des Rapailles*, le *massif de l'Ormont*, avec *la Roche des Fées*, les *Roches de Saint-Martin*, de la *Bure*, l'*Arbre de Delille*, à *Saint-Martin*, la *Chaise du Roi*, et le *Jardin de la Solitude*, dans la *forêt de la Madeleine*, se disputent la préférence du touriste. Tous les sentiers sont pourvus de plaques indicatrices et repérés en couleurs. »

LE SENTIER DU COTEAU

Sur le coteau gronde l'orage,
Et le sentier est escarpé ;
Mais les arbres aux frais ombrages,
L'abritent de chaque côté.

Sur le coteau le vent murmure,
Et le sentier est rocailleux,
Mais les oiseaux, dans la ramure,
L'égaient de leurs concerts joyeux.

Sur le coteau le soleil brille,
Et le sentier est fatigant,
Mais parmi l'herbe qui scintille
On cueille des fleurs en passant.

G. Flayeux.

PROMENADE N° 25

Bellevue

2 heures (aller et retour)

PROMENADE peu longue qui ne convient qu'aux piétons, à faire de préférence le matin pour s'ouvrir l'appétit ou à partir de 4 heures du soir.

Au début, suivre l'itinéraire de *Monthegoutte* (promenade n° 1) jusqu'à 100 mèt. environ au-dessus de l'auberge *Serte-let*. Là, prendre un sentier à gauche, à l'entrée d'une petite forêt. Ce sentier est bien ombragé, couvert de mousse ; à cet endroit, les sapins élancés et verts, sont d'une belle venue. On arrive bientôt à l'extrémité de la forêt (600 mèt. environ). On ne découvre tout d'abord qu'une faible partie du paysage qu'on doit voir d'une façon plus étendue au sommet du coteau qui est à droite. Le promeneur montera au point culminant en suivant un sentier qui passe dans les genêts ; de là il aura une vue très complète sur l'ensemble du spectacle.

Au fond à gauche, c'est *Clefcy* et *Anould* ; en face c'est *St-Léonard*, *Sarupt*, *Vanémont ;* à droite : *Saulcy* et le *Paire de Ste-Marguerite*, puis *Saint-Dié* qu'on voit admirablement. Plus à droite, c'est toute la *vallée de la Fave* jusqu'à *Saales* dont on aperçoit le clocher.

Les hauteurs qui bordent cette magnifique région sont, en partant de gauche : les *Hautes-Chaumes*, les *Rapailles*, le *Noirmont*, le *Haut-Jacques*, le *Kemberg*, la *Côte St-Martin*, la *Bure*, l'*Ormont*, le *Spitzemberg* et le *Climont*.

Le retour peut s'effectuer par le même chemin ; on peut également revenir par *Mandramont*, tous les itinéraires sont jolis.

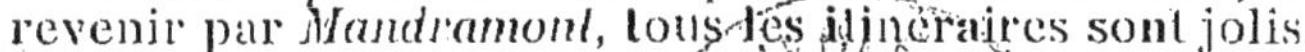

MON REVE

Si je dus te quitter, pays de ma naissance,
Ce fut à grand regret, car j'eusse souhaité
Continuer à vivre, en ton giron resté,
Au milieu des miens, de mes amis d'enfance.

Nombre de circonstances, sans doute un sort contraire,
Ne le permirent pas, mais fréquemment je tins
A venir te revoir, et toujours je maintins
Avec soin les liens qui firent m'y distraire.

Si jamais, autrement qu'en un triste équipage,
Sur le col des Journaux, j'arrive frémissant,
J'y frapperai du pied, tant qu'il sera puissant,
Pour déposer là tout des années de servage.

Délivré des soucis et des mille exigences
De services divers, redevenu enfin
Un libre citoyen de Fraize et de Plainfaing,
Je reprendrai la vie qui eut mes préférences.

Ces deux localités, sœurs jumelles, se complètent,
Forment un tout pittoresque, charmant, harmonieux,
Avec leurs environs, sites prodigieux,
Tels ceux de Gérardmer, aux eaux qui les reflètent.

Mon rêve est d'y revoir les vieux amis que j'aime ;
Avec eux, canne en main, joie au cœur, promener
Mes pas déjà pesants ; parcourir, contourner
Nos si belles montagnes, gravir leurs sommets même.

Excursions joyeuses, chasses intéressantes ;
Charmants lacs solitaires, rochers, chaumes, plateaux ;
Chemins raides, sentiers, par monts et par coteaux,
A vous mes souvenirs, rêveries renaissantes !

A mes enfants, nés loin de nos vallées riantes,
Je vous ferai connaître, points de vue enchanteurs :
Schlucht, Rossberg, Sérichamp, admirables hauteurs ;
Valtin, Rudlin, et vous, cascades impressionnantes !

Je vous aime, forêts tant de fois parcourues ;
J'aime vos grands sapins au port majestueux,
Vos hêtres vénérables, vos rus torrentueux,
Et vos roches, admirées aussitôt qu'apparues !

Septembre 1912.

J. BALTHAZARD.

LE SAPIN

Une graine menue, échappée à la dent
De l'écureuil léger, gracieux et timide,
Tombée sur un peu de terre ou de mousse humide,
Et voilà un sapin. Oh ! bien peu évident,
Bien petit, bien modeste en sa vie première.
Comme un voyageur qui veut longue carrière,
Il ménage ses forces et ne prend son élan
Que lorsqu'un pied très fort lui donne l'assurance
D'offrir plus tard au vent robuste résistance,
Et de fournir assez de résine dans l'an,
Soit en pépinière, soit sauvagement libre ;
Qu'il monte d'un ravin ou couronne un rocher,
Majestueux, avec sa ramure qui vibre,
Il grandit, cherchant l'air qu'il veut purifier,
Le soleil et la nue qu'il semble défier.

La jeune Sapinière

Depuis vingt ans plantée, cette sapinière
Pousse drue, bien égale, et sans s'inquiéter
Si des retardataires, trop faibles pour lutter,
N'ayant plus de soleil, verront l'heure dernière.
Nous allons y chercher nos frondaisons de fêtes,
Nos perches, les guirlandes étalées sur nos têtes.

La haute futaie

Mais voici un canton qui élève nos yeux
Vers d'éminentes cimes, datant de nos aïeux.
C'est la haute futaie, dans laquelle on pratique,
Depuis longtemps, déjà une coupe publique,
Chaque rotation de l'aménagement,
Mais avecque prudence et grand ménagement.
Quels immenses sapins aux centaines de planches,
Couronnés de leurs cônes, ornés de barbes blanches !
Voici d'énormes hêtres, avec eux voisinant,
Dans leurs puissantes branches, avec soin, retenant
L'ouragan qui, souvent, ne se ferait pas faute
De coucher, en chablis, nombreux troncs sur la côte,
Compromettant ainsi les ressources à venir,
Des budgets communaux, l'équilibre à tenir.

En forêt

Au haut pittoresque des roches tourmentées,
Qui, superbes, surplombent nos si belles vallées ;
A l'ombre de ces hêtres et de ces verts sapins,
Entremêlés parfois de chênes et de pins,
Qui couronnent de vert nos bien chères montagnes ;
Dans le grand calme reposant de ces campagnes,
Troublé seulement par le ravissant murmure
Des lacs, des ruisselets, des sources à l'onde pure ;

Qu'il est doux, reposant, de rêver, d'échanger
Son admiration, comme aussi de charger
Ses poumons d'oxygène, d'air sans ces corpuscules,
De tant de maladies, odieux véhicules,
Et de jouir, enfin, de la tranquillité,
Tout en accumulant des trésors de santé.

Les forestiers

Mais que sont donc ces cris qui de loin nous arrivent ?
De nous, ils se rapprochent, peu à peu ils s'avivent.
Quoi ! l'on parle de planches, de pannes, de chevrons,
De stères et de fagots, de brins et de chaudrons !
Ah ! j'y suis ! A marquer une ordinaire coupe
De nos forestiers, la sympathique troupe
Est sans doute occupée ; et très gaillardement,
Se hêlant, répondant et frappant ardemment,
Rompt, des bois solitaires, le solennel silence,
Tous à peu près de front, sans chercher la cadence.

Voilà que s'arrêtent ces gardes de nos bois ;
De milliers d'arbres la vie est aux abois
Sur leur décision. On s'assemble et on cherche,
Pour le repos, un lieu propice. L'un se perche
Sur une ancienne souche ; l'autre fait un fagot ;
Un troisième qui se trouve assez ragot,
Cherche à se reposer sur la terre moussue ;
Le quatrième d'une racine tortue,
Face au brigadier monté sur un ravin,
N'attend pas plus à se nantir d'un peu de vin.
Les deux officiers, par pure déférence,
Pour, des galons acquis, la grande différence,
A deux pas se sont mis : pas assez loin, pourtant,
Pour ne pas saisir tout des bons mots se contant
Ces hommes gais ; des combles, lazzis, grivoiseries,
Dont chacun émaille ces libres causeries,
Qui ne prennent leurs droits que quand, les sacs défaits,
Mâchoires et gosiers se trouvent satisfaits.

L'exploitation

Des coups sourds de cognée au loin se font entendre ;
Des grincements de scie, avec eux, font comprendre
Que la coupe, échue en adjudication,
A déjà été mise en exploitation.
Des bûcherons l'attaquent, coupent, débitent, fendent.
Font des tronces, des bûches, de grands mâts et prétendent
Qu'au bout de peu de mois ils en verront la fin,
Que, même les débris, les fagots, le rondin,
Seront rendus au port à l'aide de la Schlitte.
Par ces fameuses voies où le bois facilite
La conduite du bois, partout où le versant,
Trop rapide, n'a pas de chemin traversant
La montagne escarpée. Quelle rude descente !
Et combien périlleuse, attentive, émouvante !
Par ailleurs, des chevaux, de leurs muscles puissants,
Tirent péniblement, par les chemins glissants,
Emmènent vers la ville, ou bien à la scierie,
Tout le bois de chauffage et celui d'industrie.

La Scierie

Descendant de nos combes, cascadant en musique,
Les gentils ruisselets, au cresson hygiénique,
Rejoignent au fond du val l'aîné, déjà calmé,
Qui les recueille tous, d'eux voit son lit formé
En celui d'un ruisseau à l'eau claire et limpide,
Arrosant les prés verts, murmurant et candide.

Pour l'exquise truite, l'agréable séjour !
Sous les roches minées qu'il fait bon tout le jour,
Comme derrière les racines tordues !
Et, sur le sable fin, quels frais ! joies éperdues !

Mais au ru l'homme a dit : « C'est assez s'amuser :
Notre commun destin nous permet de muser
Quand nos forces sont faibles. Mais il faut être utile
Aussitôt qu'on le peut ». Il lui fut très facile
De trouver alentour ces gros blocs de granit
Dont il a endigué le cours d'eau et garni
Le canal qui le mène à cette haute roue
Qui grâce à son poids tourne. Ces troncs vêtus de boue
Ces énormes troncs d'arbres, vont, par cet ouvrier
Ecorçant et hachant, rouler au chantier,
Etre posés, fixés devant la scie géante
Sur ce long chariot à la marche fort lente.
Une corde tirée par le sagard actif,
Et le silence cesse. Le moteur attentif
Se met en mouvement, en marche lente et sûre ;
L'engrenage gémit et se montre en mesure
D'ébranler ce haut-fer avec ses bras glissants.
Les lames circulaires et tous outils puissants,
Qui débiteront droit et d'épaisseur pareille
Les troncs de toute taille, ce qui fera merveille
Entre les mains habiles des menuisiers
Les robustes bras des hardis charpentiers.

A la gare

Nous voici à la gare. Voyez ces hautes piles
De planches ou de poutrelles, de madriers, en files ;
Voyez ces lourds wagons, par le chonneur chargés :
Loin, ils vont emmener tous ces bois bien rangés.
Partez, produits de nos forêts, allez dire
A tous les points de France qu'on admire,
De nos monts vosgiens, si gracieux, autant
La productivité que leur aspect charmant ;
Montrez combien sont intelligents, habiles,
Leurs actifs exploitants ; combien braves, utiles
Laborieux, adroits, leurs divers ouvriers :
Employés, bûcherons, sagards, voituriers.
Dites partout aussi avec quel soin, quel zèle
Nous veillerons tous à remplacer chaque stèle
Dont vous êtes sortis. Vosgiens jeunes et vieux
Partout, nos terres chiches reboisons au mieux ;
D'aucun déboisement n'acceptons la tristesse,
Pour la salubrité, la beauté, la richesse,
De la régularité des eaux, la défense,
De notre cher pays, de notre belle France.

J. Balthazard.

EN QUITTANT FRAIZE !

Il serait bien téméraire de croire que, dans notre course à travers le canton de Fraize, nous ayions mentionné toutes les beautés qui y sont renfermées. La foule des impressions que l'on y reçoit ne se laisse pas circonscrire dans les limites étroites d'un petit **Guide.**

Les excursionnistes qui sont venus à Fraize ne se contenteront pas d'une seule visite, ils y reviendront et trouveront chaque fois bon accueil et bonne hospitalité.

Mesdames et Messieurs les touristes, au revoir et à l'année prochaine !

Prix moyens des Voitures de louage

PROMENADES	1 cheval aller et retour sans arrêt	1 cheval aller et retour La journée	2 chevaux aller et retour sans arrêt	2 chevaux aller et retour La journée	DURÉE moyenne du TRAJET aller
De Fraize à Plainfaing	3 »	»	»	»	¼ d'heure
— au Rudlin	6 »	15 »	12 »	25 »	1 heure ½
— au Valtin.	8 »	15 »	15 »	25 »	2 heures
— au Col du Bonhomme	10 »	15 »	18 »	25 »	2 heures
— au Bonhomme	12 »	15 »	25 »	25 »	2 heures ½
— à la Poutroye.	15 »	18 »	25 »	30 »	3 heures
— à Orbey (1).	18 »	18 »	30 »	35 »	4 heures
— à La Croix-aux-Mines	8 »	15 »	16 »	25 »	2 heures
— à Ban-de-Laveline	10 »	15 »	18 »	25 »	2 heures ½
— à Wisembach.	12 »	15 »	25 »	25 »	3 heures
— à Sainte-Marie-aux-Mines.	23 »	23 »	35 »	35 »	5 heures
— à Mandray	8 »	15 »	15 »	25 »	2 heures
— à Anould.	4 »	15 »	8 »	25 »	½ heure
— à Saint-Léonard	6 »	15 »	12 »	25 »	1 heure
— à Saint-Dié.	8 »	15 »	20 »	25 »	1 heure ½
— à Clefcy	4 »	15 »	8 »	»	½ heure
— à Sachemont.	8 »	15 »	15 »	25 »	1 heure ½
— au Valtin (retour par Straiture)	15 »	15 »	25 »	25 »	6 heures
— à Gérardmer (par le Valtin, retour par Straiture).	18 »	18 »	30 »	30 »	1 journée (aller et retour)
— à Gérardmer (par le Plafond)	18 »	18 »	30 »	30 »	1 journée (aller et retour)
— à Longemer	15 »	15 »	25 »	25 »	—
— à La Schlucht	Prendre le tramway à Longemer				
— à Corcieux.	10 »	15 »	25 »	25 »	2 heures

(1) Pour aller aux Trois-Epis, changer les chevaux à Orbey, ou mieux se faire conduire à la Poutroye et prendre le tramway jusqu'à Amerschwier, Colmar ou Turkheim.

Nota. — Autant que possible, retenir les voitures à l'avance ; envoyer une carte postale à l'hôtel où l'on descend.

NOTES

NOTES

NOTES

NOTES

Les personnes qui désireront mettre une annonce dans la 2e édition de ce guide sont priées de s'adresser à l'auteur M. Cordier ou à l'éditeur M. Ad. Weick, libraire à Saint-Dié.

TABLE DES MATIÈRES

IMP. AD. WEICK, SAINT-DIÉ

NOTE DE L'ÉDITEUR

Toutes les vues et tous les sites remarquables dont il est question dans ce guide ont été reproduits sur

CARTES POSTALES

par la Librairie des Hautes-Vosges Ad. WEICK

27, Rue Thiers à SAINT-DIÉ

Les Touristes trouveront les Cartes postales de la Maison Ad WEICK, dans toutes les bonnes maisons (Librairies, Bazars, Bureaux de Tabac, Hôtels, etc.), de Fraize et des autres localités citées dans ce guide.

A défaut, les touristes sont priés de s'adresser directement à la Maison Ad. WEICK, à Saint-Dié, qui se fera un plaisir d'envoyer des choix de son immense collection de cartes postales des Vosges et de l'Alsace.

Ad. W.

Restaurant MATHIAS

En face de la Gendarmerie à **FRAIZE**

Camille GUÉDON, Gendre et Successeur

Cuisine bourgeoise. — Repas à toute heure.
Cour, Remise, Ecurie pour 15 chevaux.

Prix très Modérés

CAFÉ DE LA COMÈTE

Place de la Gare, FRAIZE

Louis HOUSSEMAND, Propriétaire-Gérant

BIÈRE DE TANTONVILLE

Téléphone n° 1, ouvert le Dimanche

Paul GAUDIER

VINS & SPIRITUEUX EN GROS

FRAIZE

VINS - EAUX-DE-VIE - LIQUEURS EN GROS

VINAIGRES

CHAMPAGNES DE TOUTES MARQUES

VINS FINS

Ch. PETITDEMANGE

à Fraize

Pharmacie Ch. MULLER

Pharmacien de 1re Classe

Plainfaing Intersection des routes du Bonhomme et du Valtin.

Médicaments de premier choix

BAUME MULLER pour les Cors

1.25 le flacon ; 0.75 le demi-flacon

PATISSERIE - CONFISERIE

SPÉCIALITÉ DE Macarons de Nancy

GATEAUX POUR TOURISTES

PATÉS LORRAINS

MELNOTTE-VOINQUEL, à PLAINFAING

Fromages des Hautes-Chaumes des Vosges

Spécialité de Munster

ÉPICERIE FINE - PRODUITS FÉLIX POTIN

Boîtes de Conserves & Desserts pour Excursions

Octave AUBERT, à PLAINFAING

Vins et Spiritueux

EN GROS

Ancienne Maison A. BRIGNON

Successeur

SAINT-DIÉ

Spécialité de Liqueurs de Marque

VINS DE TABLE provenant des MEILLEURS CRUS

TOURISTES !

Partout où vous passerez, demandez à votre Hôtelier pour terminer votre repas une vieille bouteille des Vins si justement renommés de la Maison.

DISTILLERIE de L'HERMITAGE

Ancienne Maison Fergus GOGUEL

E. SCHWARTZ Suc^r^

SAINT-DIÉ (Vosges)

FABRIQUE DE LIQUEURS FINES

Spécialité : SAPIN GOGUEL GRANDE LIQUEUR VOSGIENNE

aux Sucs de Bourgeons frais de Sapins des Vosges

Hygiénique - Tonique - Digestive

11 MÉDAILLES D'OR — 10 DIPLOMES D'HONNEUR

HORS CONCOURS

Notice et Echantillons franco sur demande

Stations thermales ⁂ Vosges et Alsace

I. — De Paris à Fraize par Nancy et Saint-Dié.

Services rapides quotidiens dans chaque sens :
Départs de Paris à 9 h., à 12 h. et à 22 h. 15.
Arrivées à Fraize à 16 h. 35, à 19 h. 53 et à 7 h. 52.
Départs de Fraize à 8 h. 42, à 13 h. 30 et à 19 h. 03.
Arrivées à Paris à 16 h. 39, à 21 h. 20 et à 5 h.

Ces trains se composent de voitures à couloir avec W. C. et lavabo et comportent un wagon-restaurant aux heures des repas. — Le train partant de Paris à 22 h. 15 a une voiture directe (1re 2e classe) pour Saint-Dié.

II. — De Paris à Gérardmer et à Bussang.

Les communications entre **Paris** d'une part, **Epinal, Gérardmer, Remiremont, Cornimont, Bussang** et **Saint-Dié** d'autre part, sont assurées par plusieurs services rapides quotidiens via **Nancy**.

Pendant la saison d'été, des voitures directes de 1re et 2e classes à couloir circulent entre **Paris** et **Gérardmer**, savoir :

Service de jour (tous les jours, du 20 juin au 15 septembre ; les mardis, jeudis et samedis, du 16 au 30 septembre). — Départ de Paris à 9 h., arrivée à Gérardmer à 16 h. 20. — Départ de Gérardmer à 9 h. 16 ; arrivée à Paris à 16 h. 39.

Service de nuit (tous les jours, du 10 juillet au 20 septembre). — Départ de Paris à 22 h. 15 ; arrivée à Gérardmer à 8 h. 31. — Départ de Gérardmer à 20 h. 09 ; arrivée à Paris à 5 h. 00.

III. — Paris à Bains-les-Bains, Bourbonne-les-Bains, Contrexéville, Luxeuil-les-Bains, Martigny-les-Bains, Plombières-les-Bains et Vittel.

Des trains express spécialement affectés au service des **Villes d'Eaux** circulent, pendant le jour, du 25 mai au 30 septembre, et, pendant la nuit, du 15 juin au 14 septembre.

Les trains de jour comprennent un wagon-restaurant entre Paris et Chaumont ainsi que des voitures directes de 1re et 2e classes à couloir, avec water-closet et lavabo, entre Paris et : Martigny-les-Bains, Contrexéville, Vittel, Mirecourt, Bourbonne-les-Bains, Plombières-les-Bains et Luxeuil-les-Bains. Les voyageurs pour Bains changent de train à Aillevillers.

ALLER. — Départ de Paris (gare de l'Est) à 11 h. 10 ; arrivée à destination dans toutes les villes d'eaux avant l'heure du dîner.

RETOUR. — Départ des villes d'eaux après l'heure du déjeuner ; arrivée à Paris à 20 h. 31.

Des trains de nuit (départ de Paris à 22 h. 20) comportent également des voitures directes de 1re et 2e classe à couloir, de ou pour Martigny, Contrexéville. Vittel, Plombières — par correspondance pour Bourbonne et Luxeuil ; les voyageurs pour Bains-les-Bains partent de Paris à 22 h.

TÉLÉPHONE 2.03
IMPRIMERIE des HAUTES-VOSGES
Ad. WEICK, Editeur
SAINT-DIÉ

www.ingramcontent.com/pod-product-compliance
Ingram Content Group UK Ltd.
Pitfield, Milton Keynes, MK11 3LW, UK
UKHW021103200726
13857UKWH00003B/1066